国家科学技术学术著作出版基金资助出版

论花岗岩交代结构

——来自岩相学的证据

戎嘉树　王凤岗　著

科学出版社

北京

内 容 简 介

花岗岩中的交代结构不是杂乱无章的，而是有规律的。按交代矿物和被交代矿物结晶方位的异同，作者首次提出将交代结构分为"异方位交代"及"同方位交代"两种类型。钾长石的异方位钠长石交代和同方位钠长石交代很不一样，尽管都称它们为钾长石的钠长石化。它们是分别发生的，没有过渡，形成条件应该不同。对常见的净边钠长石、粒间钠长石、细小叶片状钠长石、钾长石化、石英化、绿泥石化、白云母化、绿柱石化、蠕英石、条纹钠长石、钾长石巨斑晶等的成因以及多次交代的先后顺序进行了探讨和解释。书中配有大量正交偏光下加上石英试板拍摄的彩色显微照片，使相关矿物晶体方位与交代现象、交代规律之间的关系更加清晰、明了。

本书的出版将有利于丰富和发展岩浆岩和变质岩的岩石学研究。对从事矿物学、岩石学、矿床学研究的地质专业人员、教师、大学生和研究生有学术指导价值。

图书在版编目(CIP)数据

论花岗岩交代结构：来自岩相学的证据 / 戎嘉树，王凤岗著. —北京：科学出版社，2017.1

ISBN 978-7-03-051541-4

Ⅰ. ①论… Ⅱ. ①戎… ②王… Ⅲ. ①花岗岩–岩石结构–研究 Ⅳ. ①P588.12

中国版本图书馆 CIP 数据核字（2017）第 012566 号

责任编辑：王 运 韩 鹏 / 责任校对：何艳萍
责任印制：张 伟 / 封面设计：铭轩堂

科学出版社出版

北京东黄城根北街 16 号
邮政编码：100717
http://www.sciencep.com

北京建宏印刷有限公司 印刷

科学出版社发行　各地新华书店经销

*

2017 年 1 月第 一 版　开本：787×1092　1/16
2018 年 4 月第三次印刷　印张：6　插页：23
字数：150 000

定价：138.00 元

（如有印装质量问题，我社负责调换）

序　1

　　《论花岗岩交代结构——来自岩相学的证据》是以花岗岩中所见的各种矿物之间的交代现象为重点研究内容的一本交代结构图册。与当代国内外已出版的花岗岩结构图册相比，更加突出了各种矿物交代结构的现象和机理的论述，弥补了前者的不足。从钾、钠为主的交代现象，扩展到了黑云母、石英、方解石、磷灰石等多种矿物的交代，矿物交代范围更加广泛而多样。各种交代现象都配有清晰的彩色显微照片和说明，便于交流。

　　作者提出了花岗岩单矿物的异方位交代型和同方位交代型两种类型，是一种新的尝试，也是一种新的发展。异方位交代型包括异方位交代钠长石化（出现在斜长石与钾长石交界处，以及两颗不同方位的钾长石交界处）；异方位交代钾长石化包括新钾长石交代老斜长石，以及新钾长石交代老钾长石；异方位交代黑云母化以及异方位白云母化交代钾长石等。同方位交代型主要包括斜长石（去钙长石化）同方位转化为钠长石、钾长石同方位钠长石化，以及黑云母同方位白云母化、同方位绿泥石化等。这种交代类型的划分和各种钾、钠交代过程的细化，反映了客观事实，具有重要实际意义。

　　该书对矿物交代的形成机理、成因假说、外来热流通道、溶解沉淀机理、离子交换（或离子转换）机制等都做了系统的阐述。蠕英石是花岗岩中最为常见的一种结构，截至目前，已有包括交代解说在内的 6 种成因假说，作者旁征博引，分析了各种假说的可能性和矛盾所在，最后论证认为其成因不是重结晶和出溶作用，也不是钾长石交代斜长石，而是在长石（斜长石或钾长石）的背景基础上，新生长出斜长石，交代原先已存在的（可能为原生的）钾长石，因有 SiO_2 的多余，形成含蠕状石英的蠕英石。

　　该书是戎嘉树研究员在退而不休的情况下，孜孜不倦地利用各种途径广泛收集资料，精心编制而成，在编写过程中还曾得到美国著名岩石学家 Collins 教授的支持和帮助。他在花岗岩交代结构的研究中所得到的一些认识和判断，是反映实际的，但是否完全符合客观实际，就需要实践的检验和同行们进行广泛评论了。有些交代现象可能存在不同观点，需要进一步讨论和再深入研究，使问题得到科学合理的解释。

　　花岗岩交代结构的研究对岩浆岩岩相学的研究是很大的补充，对花岗岩形成机理的研究极有参考价值，建议尽快出版，在国内外广泛交流，以推动花岗岩交代作用的研究向更深层次发展。

沈其韩

2015 年 5 月于中国地质科学院

序　2

　　戎嘉树研究员和他的团队积多年辛勤研究工作的成果，写成《论花岗岩交代结构——来自岩相学的证据》专著。该书内容丰富，图件精美，所介绍的现象都是从事花岗岩、片麻岩鉴定的人所习见的，加之作者文笔很好，所以读来引人入胜。

　　该专著有许多具有创见性的论述。其中最主要的是根据作者多年的观察，指出研究花岗岩矿物的交代，应区分"同方位交代"和"异方位交代"两种类型，这一观点提高了我们对交代作用的认知水平，对于显微镜下所遇到的结构现象，也会有更深入的理解。

　　过去我在教学科研中，对于花岗岩矿物交代现象，没有建立起"异方位交代""同方位交代"的概念，所以对一些现象，不求甚解。比如同是包裹在钾长石斑晶内的不同颗粒斜长石，有的有净边，有的却没有。因为没有考虑主晶钾长石和客晶斜长石在结晶方位上的差异，所以就不知如何解释，读了该专著，我豁然开朗，得到很大帮助。

　　该专著涉及的现象很多，除了净边，还涉及蠕英石、条纹、反条纹长石等，特别是交代作用过程的历史分析法，对全面深入研究花岗岩形成后发生的多次交代作用的叠加，以及探讨花岗岩中稀有金属矿化与交代作用的关系，提供了新见解。

　　蠕英石的发现，迄今已近140年。国内外许多学者都在讨论蠕英石的成因，提出了不同的成因假说。该专著列举实际材料说明蠕英石多出现在斜长石与不同方位钾长石交界的边部，而且还可出现在两颗钾长石交界边上，形成（对错生长）两排或两块。作者还发现蠕英石中确实有（尽管很少有）不改变方位的条纹钠长石残留、甚至还有钾长石的残留体存在。这些证据有力地支持了蠕英石的异方位交代成因说，从而深化了对蠕英石成因的认识。

　　弥足珍贵的是，该书对前人的一些观点，进行了科学的分析，提出了自己的见解。这为后人继续在这方面工作树立了榜样，也指明了继续前进的方向。例如对条纹长石的成因、正斑晶与变斑晶的区别等花岗岩中争议较多的问题，都提出切合实际的见解。再如对黑云母绿泥石化的成因的分析就引用了高精度透射电镜图像观察资料，指出绿泥石化的两种机理，令人信服。斜长石是否可能同方位被钾长石交代，是一个未解决的问题，为说明此问题，引用了 Labotka（2004）发表的实验资料，虽然结论尚有待证实，但却带来解决的新途径。

　　总的看来，作者为我们全面地展示了花岗岩交代结构的现象学特征，并对这些现象给予系统细致的分析，做出精辟的解释，引导我们从现象中去深入研究问题的本质。该书是一本很有价值的岩石学专著，对于从事岩矿鉴定及花岗岩有关岩石研究的人员有实际参考意义。

　　花岗岩的成因，历来是地质学中一个令人困惑的永恒话题。花岗岩中交代结构，恰恰是解开成因之谜的钥匙之一。据我所知，现代关于混合岩成因的认识，也是以重熔作用为主流认识。所以该项成果不仅对从事花岗岩研究的有意义，对从事变质岩研究的，同样有很高的参考价值。

2015 年 6 月于中国地质大学（武汉）

序　3

嘉树研究员是我院资深并有突出贡献的岩石学家。自从 20 世纪 70 年代以来，他在华南花岗岩铀矿田（诸广、贵东、桃山、会昌、金滩、摩天岭等）岩石学研究、诱发裂变径迹方法开发、全国三百多个花岗岩体中晶质铀矿普查，以及红石泉、丹凤伟晶花岗岩型铀矿床和后来的地幔岩捕虏体岩石学研究（自然科学基金项目）中，做出了重要的科研成果。他有雄厚的光性矿物学和矿物晶体学的功底，并且又有多年野外岩体地质考察的经验，遂使他得出学界未曾见及的新发现，现举例如下。

（1）对于花岗岩中的交代现象，划分为异方位交代和同方位交代两种类型（大部分属于异方位交代类型）。异方位交代最容易交代的是钾长石，如钠长石化、石英化、白云母化、绿柱石化等，属溶解-沉淀机理。同方位交代，如黑云母的绿泥石化、白云母化，属离子交换机理。而斜长石和钾长石的同方位钠长石化的形成机理，还有待研究探讨。

（2）异方位交代不是随意进行的，既要有交代对象，也要有结晶核心。当岩石中有同类矿物存在时，异方位交代矿物必以其同类矿物为其生长基础（为其结晶核心），向旁侧易被交代的矿物交代生长出与其背后贴靠的同类矿物结晶方位一致的交代矿物。而当岩石中没有同类矿物存在又必须发生交代生长时，才会以杂质作为生长基础（结晶核心），发生交代生长。

（3）同方位钠长石化，斜长石很容易发生，而钾长石则很不容易发生。但一旦钾长石发生同方位钠长石化时，则进展迅速、彻底，往往不易见到过渡现象。

（4）虽然钾长石同方位钠长石化形成的钠长石与条纹钠长石属同一方位，但它们的形态、产状不同，有可能加以区分。

（5）他发现，异方位钠长石化强烈的（强烈交代了钾长石），并未促使钾长石也发生同方位钠长石化；而后来有的岩石中的钾长石遭遇了强烈的同方位钠长石化的（使钾长石彻底地转化为同方位的钠长石），然而钾长石的异方位钠长石化却没有得到增强。这说明这两种钠长石化不仅是分别独立进行的，而且它们的形成条件和环境是很不相同的（尽管都泛称为钾长石的钠长石化）。所以，把它们区分开来，显然是必要的。

（6）在矿物晶体中存在有周围矿物的多个残粒，且其结晶方位彼此仍保持一致未变的，这表明这个矿物是在全岩保持固体状态下（已不再存在岩浆），交代了周围矿物所形成的新生矿物。这在正交偏光下加石英试板观察，容易察觉出来。

（7）锂氟花岗岩中的细小叶片状钠长石不是以"杂乱无章"的方式交代形成，而属原生成因。

（8）蠕英石为含钙的钠质热液交代钾长石而形成的新生的斜长石，由于钾长石所含的 SiO_2 总比新形成的斜长石所需要的 SiO_2 高，多余的 SiO_2 成分析出形成蠕虫状石英。

　　此外，他还得出一些倾向性结论，例如：①碱性长石（无论钠长石还是钾长石）都不交代或不会交代石英；②钠长石交代生长的能力，与岩浆状态下结晶的相似，为沿 a，c 轴明显大于沿 b 轴；③钾长石中的条纹钠长石主要不是交代作用形成，而是固溶体分离或同时结晶形成；④钾长石和钠长石连生的自形晶不是交代成因而是原生的；⑤钾长石大斑晶非交代成因而主要是原生的正斑晶或其残留晶，即使其中确实有钾长石局部交代斜长石的现象；⑥依据交代生长规律，有可能查明矿物多次交代叠加的先后顺序等。

　　以上是本人不成熟的理解。相信书中还会有许多有价值的结果被读者发现。

　　总之，该书是嘉树毕生对花岗岩交代现象研究成果的综合，堪称为高水平的学术专著，很值得中、英文公开出版，以飨读者。

杜东天

2015 年 7 月于核工业北京铀矿地质研究院

前　言

花岗岩浆结晶成岩后，随着温度缓慢下降，加上与岩体内残余流体的作用，已经晶出的矿物会发生一些成分和结构上的变化。无论是超溶线的碱性长石花岗岩，还是亚溶线的正常花岗岩、花岗闪长岩等，碱性长石会析出钠长石，形成条纹长石，而原先的正长石会向微斜长石转化，甚至彻底变为微斜长石。斜长石也会向低温态转化。这些都是在固相线下（约500℃）发生的变化，岩石的总成分保持不变，都不属于交代作用所致。

但是花岗岩类岩石形成后，或者与成岩相隔很近的残余流体（温度也在固相线下），或者与成岩时间相隔很久有一些深部上来的热液流体渗入，使某些原生矿物不稳定而发生溶解或变化，较稳定的新生矿物随即在此（溶解或变化之处）形成，从而使岩石的部分矿物成分改变，岩石的结构也发生了变化，这就属于交代作用了。

林格仑（Lindgren，1925）认为交代作用发生时，被交代矿物刚一发生溶解，等体积的交代矿物就立即在那儿沉淀结晶出来，因此交代矿物与被交代矿物的体积相等。在交代过程中，溶解−沉淀结合得如此紧密，即使在显微镜下观察也不见有空间孔隙存在。

普特尼斯（Putnis，2002）认为离子交换、岩浆期后蚀变、假象交代、化学风化、成岩作用和变质作用等都涉及矿物的交代现象。矿物交代现象的共同的特征是一种矿物被另一种更稳定的矿物所替代。

此外，在新的物理化学环境下，旧矿物被外来的气液通过离子交换就地改造，局部或全部转变为新矿物，这里没有经历旧矿物逐渐溶解、新矿物逐渐形成的过程，这种矿物成分的变化也应该是一种交代作用的结果。

于是普遍认为交代作用过程应具有三个特点：

（1）交代过程中整个岩石保持固体状态。

（2）被交代矿物的溶解或改变（改造、质变、转化）和交代矿物的形成或结晶，几乎是同时进行的。

（3）被溶解或改变（改造、质变、转化）的原矿物和新形成及结晶的新矿物的体积一致。即交代后，岩石体积保持不变[①]。

通常，交代作用和现象也常用"化"字来表示。原生甲矿物被（或遭受）新生乙矿物交代，称甲矿物被（或遭受）乙矿物"化"。例如，钾长石被钠长石交代，称钾长石被钠长石化；黑云母被绿泥石交代，称黑云母被绿泥石化；钾长石被石英交代，称钾长石被

---

①　另有一种观点为"不等体积交代"，认为大规模交代过程中，在大量加入 K_2O，Na_2O，SiO_2 时，不带出相应数量的 CaO，MgO，FeO，Fe_2O_3，致使地槽或坳陷沉积岩体积膨胀隆起，形成大体积的富碱的酸性花岗岩体（南京大学地质系，1981）。

石英化等。矿物交代的程度，即"化"的程度，大体上常用微弱、中等、强烈、彻底等几个等级进行描述。

如果原矿物先被溶解掉一部分，出现了一个自由空间，之后再结晶出新矿物，严格说就不能算作交代，而应属于充填。

交代概念与岩浆结晶过程中形成矿物时发生的类质同象替换的概念有质的不同。交代作用造成的现象有时与两种矿物结晶时达到共结线而发生同时结晶现象相似。交代现象也容易与有的矿物在成岩后发生固溶体分离（出溶作用）现象相混淆。

交代作用的关键证据是在交代矿物中存在有被交代矿物的交代残留体。然而，应该把交代残留体跟同时结晶的夹裹矿物，岩浆岩中的正常包裹矿物区分开。

花岗岩是否发生过或强或弱的交代作用，是地质工作者，尤其是岩矿研究者经常会遇到的问题。例如产 Li、Be、Nb、Ta 矿化的花岗岩，与普通花岗岩的结构有很大不同，是否由强烈钠长石化所造成？花岗岩中的钾长石大斑晶主要是岩浆结晶的，还是交代形成的？这涉及花岗岩是岩浆成因还是交代成因的大问题。岩石是否遭受过某种强烈的交代作用，例如强烈的钠长石化、钾长石化或硅化。作者认为可以通过显微镜下仔细观察，在判别交代现象的基础上，查明和弄清这些问题。

有关各种岩浆岩、变质岩的典型结构特征在教科书（如武汉地质学院岩石教研室，1980；贺同兴等，1980；王仁民，1989；路凤香等，2002；梅森，2007 等）中和岩石结构构造图册和鉴定手册（张树业等，1982；胡受奚等，2004；常丽华等，2009；陈曼云等，2009；李子颖等，2010，2014 等）中都有详细的介绍，其中也常包含或涉及一些交代结构，但对其探讨分析较少。

本书讨论的是单个新生矿物对单个原生矿物之间发生的交代现象。研究的主要素材来自中国广东台山阳江沿海一带和广东湖南交界的诸广山中新生代花岗岩杂岩体和甘肃芨岭古生代花岗岩体，以及其中发育的碱交代岩。在数以百计薄片观察的基础上，依据交代矿物和被交代矿物的方位的异同，作者认为交代结构主要应分为两类：异方位交代型和同方位交代型。钾长石的异方位钠长石化与钾长石的同方位钠长石化是很不相同的，它们是分别发生的，没有过渡。它们的形成条件必然彼此不同，尽管都被笼统地称为钾长石的钠长石化。

本书对净边钠长石、粒间钠长石、细小叶片状钠长石、钾长石化、石英化、绿泥石化、绿柱石化、蠕英石、条纹钠长石、反条纹长石、钾长石巨晶等的形成原因，对交代机理以及多次交代现象的分辨，作了较详细的探讨和解释。主要是使用岩石偏光显微镜进行观察、对照和研究。至于原生矿物发生重结晶和被新生矿物集合体替代等情况比较复杂，本书未作讨论。书中所有的图都做成图版附在书末。

戎嘉树[①]　王凤岗[②]

2016 年 2 月于核工业北京地质研究院

---

① rongjs520@163.com；② wfg9818@163.com。

目　　录

第1章　花岗岩单矿物交代的两种类型

以往在观察和论述矿物交代时，注重的是判断和确定所见到的现象是否属于交代，至于交代矿物和被交代矿物两者的结晶格架方位是一致还是不一致，却不大注意和关注。作者通过多年的观察，认为论述矿物交代时，宜按交代矿物和被交代矿物两者的结晶格架方位是否一致，分为两种交代类型：异方位交代类型和同方位交代类型。

（1）异方位交代类型（hetero-oriented replacement）。指交代和被交代矿物的结晶格架方位不一致。

（2）同方位交代类型（co-oriented replacement）。指交代和被交代矿物的结晶格架方位一致或基本一致。

不同种类的矿物，它们的结晶格架是不同的。所以异类矿物之间发生交代，必然属于异方位交代，如石英或白云母交代钾长石。

此外，还有相当多的长石类矿物和云母类片状矿物，这些同类矿物的结晶格架相同、相似或者近似。如果同类矿物之间发生交代，就会依据它们的结晶方位不相同和相同而分为异方位交代和同方位交代两种。下面分别就异方位交代型、同方位交代型进行讨论。

1.1　异方位交代型

异方位交代发生在两颗矿物交界处，其特点是：

（1）交代生长的新生矿物（客晶）选择岩石中已有的同类矿物作为结晶中心（生长的起点或基础），向着容易被交代的矿物进行交代生长。

（2）交代矿物的结晶格架方位，与前方被交代矿物的结晶格架方位不一致，但与其后方所贴靠的同类矿物的结晶格架方位却是一致的。

异方位交代时，交代矿物和被交代矿物可以是异类的（结晶格架不同）。也可以是同类的（结晶格架相同或类似），但它们的结晶方位必定是不一致的。如果结晶方位一致，则异方位交代现象反而不会发生。

花岗岩中的异方位交代现象主要是常见造岩矿物的交代现象，如钠长石化、钾长石化、石英化、白云母化等。这些构成花岗岩主要成分的造岩矿物在花岗岩中普遍存在，到处都有。因此，很容易以岩石中已有的造岩矿物作为生长基础或结晶中心，交代生长。

有关同方位交代的钠长石化、钾长石化和白云母化将在后面同方位交代型中叙述，现将常见的异方位交代现象分述如下。

1.1.1 异方位交代钠长石化

异方位钠长石化交代现象相当多见，尤其是在富硅、富铝的花岗岩中。一般常出现在斜长石和钾长石的交界处，或在无结晶学联系的两颗钾长石的交界处。

1.1.1.1 斜长石与钾长石交界处的异方位钠长石化

在钾长石大斑晶里常可包裹一些较小的、与钾长石具有不同结晶方位的斜长石晶粒。围绕这些斜长石晶粒周边经常有一圈薄薄的钠长石环边（图1、图2、图4）。由于这个环边钠长石干净，被称为钠长石"净边"（clear rim）（Phemister，1926）。净边钠长石或连续或不连续，其宽度很窄，一般<0.1mm。在偏碱、富铝、富硅的花岗岩中，钠长石净边宽度可达0.3~0.6mm。"净边钠长石与主晶斜长石（通常为奥长石）的界线清晰而平滑，但净边钠长石和钾长石的边界常不甚规则。在净边钠长石中，有时还可察觉有细小的蠕虫状石英存在"（Smith，1974）。

钠长石净边和净边所环绕的斜长石的方位是一致的，然而，净边的号码更低，如果仔细观察，钠长石净边 Ab_1' 会比斜长石 Pl_1 边部的干涉色略高，显得更干净。

真正的钠长石净边 Ab_1 只出现在斜长石与钾长石搭界处，而且是与不同结晶方位的钾长石交界处。如果斜长石（Pl_1）与其周围的钾长石（K）结晶方位一致（如图5），则不出现钠长石净边。钠长石净边也不出现在两、三个斜长石颗粒接触处（图1、图4）以及斜长石与石英的交界处（图2）。

有时，或许是由于斜长石本身含钙量的差异，内部含钙略高的斜长石因易发生绢云母化而显浑浊，边部含钙略低的斜长石则可保持比较干净，似乎也像是"净边"（如图9的绢云母化斜长石的干净边部），它可以平整地与原生石英 Q_1、Q_2 搭界。可以说，如果是与原生石英直接搭界的干净的斜长石，往往不属于"净边钠长石"，而是原生斜长石本身。

此外，斜长石较干净的边部（不是净边钠长石），可与其他矿物（如斜长石、石英）直接接触，而钠长石净边则只出现在斜长石与不同方位的钾长石的交界部位。

当钠长石净边较宽，其周围钾长石中条纹钠长石也比较发育时，净边的发育会受条纹钠长石阻挡（图1）。在净边钠长石中有时可以发现有条纹钠长石的细小残留体（图6、图8），甚至条纹钠长石像是呈细脉穿切在（实际上像天桥状残留在）净边钠长石中（图7）。作者认为，净边钠长石是异方位钠长石化交代作用（交代钾长石）形成的。

1.1.1.2 两颗不同结晶方位的钾长石粒间发生的异方位钠长石化

在多铝、富硅的浅色花岗岩中，在两颗不同结晶方位的（没有结晶学联系的）钾长条纹长石（K_1 与 K_2）交界部位，经常可以看到有一些钠长石聚集，可称之为"粒间（intergranular）钠长石"。如果在正交偏光下加上石英试板，即可察觉出它们可分为两排（Ab_1'，Ab_2'）（图10~图14）。每一排钠长石都分别与其相隔的（即其背后贴靠的）钾长石中条纹钠长石的光性方位很相近，即与该钾长石的结晶方位一致①。如果粒间钠长石（Ab_1'）直接与其相隔的钾长石中条纹钠长石（Ab_1）搭界（如图 12），就难以确定它们两者之间的准确界线。但有时只发育一排，而另一排不很发育或不发育（图 13）。净边钠长石和粒间钠长石都位于与钾长石交界处，它们的宽度（在同一个岩石中）相当，或差不多（图 10、图 11），但净边钠长石一般会比粒间钠长石的连续性较好。

对于净边钠长石和粒间钠长石的成因，曾有过以下几种推测或解释。

1. 相邻两钾长石的不混溶作用

Phemister（1926）、Tuttle（1958）、Voll（1960）、Ramberg（1962）、Phillips（1964）、Hall（1966）、Carstens（1967）、Haapala（1997）等认为原来含有钠长石组分的钾长石，由于固溶体分离（出溶或不混溶）而析出钠长石。一部分形成条纹钠长石，另一部分扩散到斜长石边上构成钠长石净边，或者到钾长石边缘部位形成粒间钠长石。因此净边不会在斜长石和斜长石之间、斜长石和石英之间、斜长石和黑云母之间出现。

对于两排粒间钠长石的成因，Ramberg（1962）认为是由于颗粒边界扩散迁移作用（grain boundary diffusion migration）降低了表面能（surface energy），使析出物越过不协调（不一致）边界（incoherent boundary）进入邻旁钾长石中。

2. 岩浆作用晚阶段结晶及交代

Rogers（1961）、Peng（1970）、Hibbard（1995）等认为，粒间钠长石只是在局部边缘地段不规则出现而不是沿整个钾长石边缘分布，而且净边和粒间钠长石中可以含细小蠕状石英，这跟不含蠕状石英的条纹钠长石不同，所以它们不是来自钾长石的固溶体分离，而是属于粒间残余岩浆结晶，并伴有对钾长石的交代作用（它会长到邻旁钾长石上去）所致。Peng（1970）认为净边不出现在与石英搭界处，是因为石英石最晚晶出（石英还晚于净边）的缘故。

3. 钠质热液滤走绢云母化斜长石边部的绢云母

程裕淇（Cheng，1942；程裕淇等，1963）首先提出，贺同兴等（1980）、王仁民等（1989）赞同，认为斜长石（主要是奥长石）先遭受绢云母化，后来含微量钠质的热液使其边部重溶，绢云母被溶解移去，此边缘重新结晶形成钠长石净边。鉴于斜长石与斜长石、与石英及与黑云母交界处没有净边出现，而只出现在与钾长石交界处，于是认为，"钾长石的存在（与之搭界），可能有利于奥长石的重溶"。

4. 钾长石交代斜长石而形成

主张这种看法的有 Deer（1935）、Schermerhorn（1956）。

---

① 在岩石显微镜下如果不凭解理、双晶，很难判断两种矿物的结晶方位是否一致。但由于长石类矿物的结晶方位与光性方位，随着成分的变化，有一定的关联性（请参考光性矿物学），所以可以在正交偏光下加石英试板，并旋转载物台来观察它们的光性方位是否一致或相近似，以大致判断它们结晶方位是否一致。

对以上几种说法或解释，似乎都存在一些疑问。作者认为，净边钠长石和粒间钠长石的发育状况可能有些差别，但在同一种岩石中，它们的宽度大体比较近似（图10、图11）。它们的成因可能是相似的，或者就是一致的。

作者认为，以下一些现象应该有助于查明它们的成因。

（1）并非只有绢云母化的斜长石的边部才有净边出现。在未发生绢云母化的新鲜斜长石与钾长石交界处也可有钠长石"净边"出现（图3）。

（2）在"净边"或粒间钠长石〔尤其 An>3，甚至 An 为 1（据游振东等，1996）〕中，经仔细观察有时还可以发现其中有细小蠕虫状石英存在（图8、图13）。

（3）"净边"或粒间钠长石的发育受近旁斜长石、石英之阻，也受较粗条纹钠长石之阻（图1、图2、图6、图8）。

（4）在此甚薄（<0.2mm）的"净边"或粒间钠长石内，有时可发现有其周围钾长条纹长石中钠长石条纹的残留体（图6、图8、图12）。残留体与周围条纹钠长石的光性方位保持一致，但个体更细小（往往会显得更纯净）。这是最为关键的足以证明净边属交代成因的依据。

尽管粒间钠长石的连贯性一般来说不如净边钠长石，但上述（2）（3）（4）现象是一致的。这说明它们同属一种成因（异方位交代成因）。粒间钠长石分为两排，可称对错交代钠长石（或双层围边钠长石）〔swapped rims（Voll，1960）〕。两排粒间钠长石的出现，每排钠长石各与其相隔的钾长石结晶方位一致，也很有依据地证明它们是在固体状态下对相邻钾长石进行交代作用所形成的。

条纹钠长石和净边或粒间钠长石的关系，往往不易确定，这也许是因为以下几个原因所致：

（1）条纹钠长石发育较差，净边或粒间钠长石发育（宽度）也都很有限，它们两者的接触机会少。

（2）净边或粒间钠长石中未见有条纹钠长石的残留体。

（3）条纹钠长石可呈楔形"刺"入净边或粒间钠长石（图8、图13），甚至似细脉穿在其中（图7），给人以条纹钠长石交代净边和粒间钠长石，甚至条纹钠长石呈细脉穿切斜长石的假象〔请参考 Augustithis（1973）《花岗岩片麻岩及有关岩石结构图册》中图428、图429〕。作者认为，像是被条纹钠长石穿切的"斜长石"，比较干净，它不是真正原生的被包裹的斜长石，而是位于斜长石边部的后来异方位交代生长而形成的净边钠长石。实际上，不是条纹钠长石细脉切穿斜长石。恰恰相反，是斜长石（位于薄片的上方或下方）的边缘生长出的净边钠长石（比较干净），交代掉了钾长石，但对条纹钠长石因交代不掉而残留着。所以这条纹钠长石是交代残留下的"天桥"。

（4）镜下观察时，未加上石英试板。据作者观察，如果在条纹钠长石和净边钠长石交界部位发现有残留体出现，那么，这残留体只可能是条纹钠长石落在净边或粒间钠长石中，而绝不可能是净边或粒间钠长石残留在条纹钠长石之中。

钠长石交代条纹长石时，主要交代掉条纹长石中的钾长石部分，但也可以交代掉其中的一些细小的条纹钠长石，故不容易见其呈残留体存在。如果观察时未加上石英试板，即使有残留体存在，也不易被察觉，而常被忽视而遗漏掉。

条纹钠长石和对错交代钠长石的成分经电子探针测定结果见表 1。

表 1　条纹钠长石和对错交代钠长石电子探针成分测定　　　　（单位：wt%）

样号	矿物	样数	SiO_2	Al_2O_3	CaO	Na_2O	K_2O	Total	An
N_4（图13）	条纹 Ab_1	5	68.13	19.40	0.26	11.75	0.09	99.78	1.2
N_4	对错交代 Ab_2'	3	67.81	19.89	0.31	11.76	0.16	99.94	1.4
CL_3（图14）	纺锤条纹 Ab_2（Olig）	3	67.58	20.59	3.15	8.32	0.15	99.94	17.4
CL_3	对错交代 Ab_1'（Olig）	2	67.59	19.8	2.44	9.95	0.09	99.96	12

注：N_4 取自广东台山那琴浅色花岗岩；CL_3 取自河北宣化赵家窑花岗岩。电子探针分析由北京核工业地质研究院 JXA-8100 电子探针分析仪用波谱分析法测定，加速电压为 20kV，束流为 $1×10^{-8}A$。

表 1 表明，那琴浅色花岗岩中的对错交代钠长石 Ab_2'（图 13）的成分和条纹钠长石 Ab_1 相近，几乎都为纯钠长石，其中无或极少有蠕虫状石英发育。而赵家窑花岗岩中的对错交代钠长石 Ab_1'（图 14），An 为 12，成分已达更长石，可见其中含有细小蠕虫状石英。而该钾长石中的纺锤状条纹状"钠长石"的 An 值为 17.4，属于更长石，其中并无（即使是很细小的）蠕虫状石英。

这表明，所谓条纹"钠长石"，未必都是钠长石（尽管较多的是钠长石），也可能为更长石；对错交代形成的"钠长石"也可能为更长石。

另外，对错交代形成的钠长石，与条纹钠长石的成分似乎有一定关联。即条纹钠长石 An 值小，对错交代钠长石的 An 值也小；条纹钠长石的 An 值大，对错交代钠长石的 An 值也大。

钾长石中的条纹状"钠长石"，即使为条纹状的更长石，也不会含蠕虫状石英。据作者观察，对错交代钠长石的 An 值稍稍增高，例如 An>3 时，其中便会有蠕虫状石英出现。

1.1.2　异方位交代钾长石化

异方位交代钾长石化的交代对象一种是交代钾长石，另一种是交代斜长石。

1.1.2.1　新钾长石交代老钾长石

这种交代现象发生在两颗钾长石的交界部位，属于新生钾长石异方位交代原生老的钾长石。它多出现在富含钾长石的石英正长岩、二长岩中。在广东阳江新洲黄泥田角闪石英正长岩中，这种交代现象十分明显。该角闪石石英正长岩中含钾长石 60.1%、斜长石（An_{18-25}）19.1%、石英 12.1%、角闪石 5%、黑云母 2.1%。新钾长石约占全部钾长石的 1/5～1/2，即新钾长石占全岩体积达 1/8～1/3。

该岩的原生钾长石为半自形或他形块状，泥化中等，一般含少量的斜长石条纹，条纹呈分散皱纹状或不规则形状。

新生钾长石不规则、不定形地分布在老的钾长石中，使钾长石颗粒之间界线变得异常弯曲和不规则。在新钾长石生长范围内，老钾长石被交代掉了，残留着老钾长石中一部分条纹钠长石（图15、图16），并且保持其原有的方位，是其显著特点。在新疆哈密尾亚角闪石石英正长岩和广东诸广山花岗岩复式大岩基外侧的横岭云辉二长岩的交代成因新钾长石中还可保留有原生钾长石的交代残留体（图18、图23、图24）。

新生的钾长石中还常含有细小的蠕虫状斜长石（钠长石），呈小水滴状、长条状，放射状伴随新生钾长石交代生长，大致呈放射状指向交代生长的边缘。这些蠕虫状斜长石（钠长石）的结晶方位和该新生钾长石结晶方位一致。

蠕虫状钠长石的这种产状与蠕英石中蠕虫状石英有些相似。蠕虫状钠长石的宽度 $<10 \sim 50 \mu m$，长度 $50 \sim 200 \mu m$，其含量不定，但一般不超过钾长石体积的 $10\% \sim 20\%$。

有放射状、蠕虫状钠长石分布也是新生钾长石可以具有的一个标志性特征。当原生钾长石中条纹钠长石交代残留体缺失或很不明显时，可根据有放射状、蠕虫状钠长石分布，判断它是异方位交代成因的新生钾长石（如图17）。然而，在新疆哈密尾亚岩体中角闪石英正长岩中，交代老钾长石的新生钾长石中无放射状蠕虫状钠长石分布（图18），但含有普通的条纹钠长石。

所有这些交代成因的新钾长石的方位都必定与被交代的钾长石的方位不一致，而与其背后贴靠生长的老的钾长石方位却是一致的（图17、图18），所以属于异方位交代。在异方位钾长石化发育的岩石中，没有发现有同方位交代钾长石的现象。

交代老钾长石形成的新钾长石，宽度可达 $0.5 \sim 2mm$。这比交代钾长石而形成的新生钠长石的宽度（一般 $<0.2mm$）和交代斜长石形成的新生钾长石的宽度（一般 $<0.3mm$）明显大很多。

由于交代生长的钾长石的宽度，远远大于薄片的厚度，所以薄片中往往只见到老钾长石中有新生钾长石出现（图15、图16），未必能同时见到该新生钾长石 K_3' 背后所贴靠的原生钾长石 K_3（如图17所见）。

在两颗原生钾长石之间，也可以找到有对错交代钾长石的现象，即在两颗（不同方位的）原生钾长石交界处的两侧，形成两块（因为长得大，不显两排，而成两块）新生钾长石，分别与其背后贴靠的原生钾长石的方位一致（如图19、图20）。对错两颗新生钾长石在两颗原生钾长石交界两侧的出现，最能说明这里确实发生过异方位新钾长石化交代老钾长石的现象。

如此强烈的钾长石化交代的是异方位的老的钾长石，却基本不触动整块状斜长石（图16、图18、图23）、不触动角闪石（图26）和单斜辉石（图23），也不交代石英（图26）。钾长石化交代生长所贴靠的都是其背后的同方位的原生的钾长石，还没有发现有贴靠在同方位原生斜长石上生长新生钾长石的现象。以上是这种异方位钾长石化交代的主要特点。

在异方位钾长石化结束之后，还有过微弱的异方位钠长石化，表现在两颗不同方位钾长石（不论新老）之间，有微弱的对错交代钠长石的生长（图15、图16、图17、图21），其宽度一般 $<20 \mu m$（用正交偏光加石英试板，在中高倍物镜下观察，很容易看到）。残留在新生钾长石中的较大的残留体，如果用中高倍物镜，锁光圈，仔细观察，还可以看出，残留体分核部和外缘两部分，结晶方位一致，但干涉色略有差异（图22），核部比外缘折

光率稍高，两者之间有贝克线存在。可见核部是残留体本身，而外环是交代生长的新生钠长石（残留核部一般为圆滑的不定形，然而图22中残留内核却稀罕地出现自形轮廓，甚为奇特，难以解释）。这种新生的微弱的异方位钠长石化在钾长石化很发育的广东阳江黄泥田和新疆哈密尾亚角闪石英正长岩中是普遍存在的。但在成分为中基性的云辉二长岩（图23）中的钾长石化之后，钠长石化没有发育。

从图25、图26（薄片取自广东阳江新洲黄泥田角闪石英正长岩）可以看出，这里原先是三颗原生钾长石 K_1、K_2 和 K_3 的交界部位。在 K_1 与 K_2 交界边上，有新生钾长石 K_1' 与 K_2'（分别取 K_1 与 K_2 的结晶方位），向着 K_2 与 K_1 对错交代生长。在 K_2 和 K_3 的交界处，也发生新生钾长石的交代生长（K_2' 向 K_3 交代，K_3' 向 K_2 交代）。新生钾长石中含有被交代钾长石中的条纹钠长石残留体，并常含放射状的蠕虫状斜长石。

在阴极发光图像（图27）上，原生钾长石为较暗的藕荷色，而新生钾长石则常显示鲜艳的亮蓝色，据此大致可以区别这两者，但部分亮蓝色还扩展到原生钾长石中（原因不明）。无论原生还是新生钾长石，凡泥化较强烈者，这些色调（无论藕荷色，还是亮蓝色）都消失，只出现枯木褐色。

对该角闪石石英正长岩原生钾长石和新生（交代生长）钾长石以及其中的条纹钠长石和蠕虫状钠长石用电子探针测定的成分对比见表2。

表2　原生钾长石 K 和新生（交代生长）钾长石 K'及其中的条纹钠长石 Ab

和蠕虫状钠长石 Ab'的电子探针成分对比　　　　　（单位：wt%）

矿物	样数	SiO_2	Al_2O_3	CaO	Na_2O	K_2O	Total	An
原生钾长石 K（H4-1）	15	65.39	17.85	0.04	0.82	15.8	99.9	—
变化范围	—	64.4~67	16.7~18.6	0~0.1	0.2~1.8	14.3~16.7	—	—
新生钾长石 K'（H4-1）	16	65.61	18.1	0.09	2.19	13.7	99.7	—
变化范围	—	64.2~67.1	17~18.7	0~0.2	0.6~3.6	11~16.3	—	—
K 中条纹钠长石 Ab	10	67.6	19.78	0.98	10.96	0.29	99.6	4.71
变化范围	—	66.3~69.3	18~20.8	0.2~1.9	10.2~11.4	0.1~0.4	—	0.6~9.7
K'中蠕虫状钠长石 Ab'	15	66.18	20.4	2.22	10.67	0.24	99.7	10.31
变化范围	—	63.2~67.6	18.5~21.8	0.8~4.9	9.8~12	0.16~0.36	—	2~21.4
交代生长钠长石（在新老钾长石交界处）（H4）	3	68.9	18.08	0.55	11.91	0.08	99.52	2.5
条纹斜长石残留体 H4	—	64.99	21.2	4.25	9.12	0.25	99.81	20.5
边缘新生斜长石 H4	3	67.19	19.78	2.47	10.47	0.25	100.1	11.5
条纹斜长石残留体 H2	—	65.69	21.03	2.52	9.84	0.28	99.36	12.4
边缘新生斜长石 H2	—	68.19	19.11	0.15	11.08	0.14	98.62	0.83

注：样品来自广东阳江新洲黄泥田石英正长岩。

从15~16个测点的平均成分看，新生钾长石比原生钾长石含 Na_2O 较高，含 K_2O 较低，但从变化范围看，它们之间的差别就不显著了。

从 10~15 个测点的平均成分看，新生钾长石中蠕虫状钠长石与原生钾长石中的条纹钠长石相比，总体相近，Na_2O 和 K_2O 含量也一致，唯 CaO 含量高了一倍，An 值高出一倍，为钠-更长石。变化范围也高出一倍。

对新生钾长石中残留的原生钾长石中的条纹斜长石，选择两个较大颗粒（具有内核折光率较高和外缘折光率较低）作了电子探针测定。其一（薄片 H4）的核部 An 值达 20.5，而外缘 An 平均值为 11.5。另一颗（薄片 H2）的核部 An 值为 12.4，其外缘（折光率较低）则为 0.83。

虽然测定数据较少，但大体可以表明，原生钾长石中条纹斜长石 An 值变化较大。钾长石化结束后，发生微弱的新生钠长石交代生长，新生钠长石 An 值显然小于残留的条纹斜长石。

文献上也有过类似这种新钾长石交代老钾长石的现象的报道。Collins（1998）曾在他的网页［Myrmekite，ISSN 1526-5757，no.32，（Nr32Perthite.pdf）］介绍过产于北希腊 Maronia 深成岩的二长岩中有一种不平常的、Collins 称为"侵入"的钾长石（含蠕虫状条纹斜长石）（图 28）。这种含有蠕虫状条纹斜长石的钾长石很像上面叙述的异方位交代形成的钾长石所具有的特点，但报道中没有提及是否存在"被侵入"（实为被交代）的钾长石，尤其是其中条纹钠长石的残留体。依作者判断，可能是由于原生钾长石中条纹钠长石很不发育之故。因而，这种不平常的"侵入"的钾长石（含蠕虫状条纹斜长石）很可能也是异方位交代钾长石化的产物。

1.1.2.2　新钾长石交代斜长石

本节介绍的异方位钾长石化不是交代老的钾长石，而是交代斜长石。

作者对广东阳江东平大澳片麻状花岗岩（编号 D3）［含钾长石 33.7%、斜长石（An_{19-21}）23%、石英 30.4%、黑云母 8.3%、白云母 4.4%］和广东北部诸广山复式岩基的印支期第二阶段的中粒斑状黑云母花岗岩（编号 7-12）［含钾长石 29.8%、斜长石 29.8（An_{30}）%、石英 28.3%、黑云母 10.2%］岩石薄片观察研究中明显见到异方位钾长石化局部交代斜长石的现象。

在花岗岩中，钾长石颗粒往往大于斜长石，斜长石通常被钾长石半包或全包。钾长石化交代斜长石，都出现在斜长石与不同方位钾长石的交界处。在斜长石靠近钾长石的边部，可见有斜长石的残留体落在钾长石中。如果把钾长石划分为含斜长石残留体的和不含斜长石残留体（在紧靠含残留体分布范围以外）的两部分，通过仔细观察，可以看出，在不含斜长石残留体的钾长石中总体上含条纹钠长石比较多，而含斜长石残留体的钾长石中则较少含条纹钠长石，也比较纯净。这两者在纯净度上，尤其在含条纹钠长石的数量上略有一些差别（图 29、图 30）。作者认为，渗入到斜长石残留体中及周围近旁（很少或较少含条纹钠长石）的钾长石，应为交代成因，其宽度约为 0.2mm 左右，一般 <0.5mm；而含众多斜长石残留体以外（含条纹钠长石较多）的钾长石，是新生钾长石贴靠的同类矿物，为交代之前就已存在了的，不属于交代成因，如果没有别的成因，那它就是原生的。由于交代生长的钾长石与其后贴靠的钾长石结晶方位一致，两者没有明显界线而已。

特别需要指出，在发生钾长石交代斜长石的岩石中，所有这些被局部交代的斜长石必定与其周围直接搭界的钾长石的结晶方位是不一致的，而与周围钾长石结晶方位一致的斜长石（如图 31 中的 Pl_1，图 32 中的 Pl_2）的周边，则保持完好形态，表明没有遭受钾长石化交代。这就是说，在这种钾长石化交代时，只有与周围钾长石结晶方位一致的斜长石，可不被钾长石化交代，能保持完整，而那些与周围钾长石结晶方位不一致的斜长石，则可被钾长石化局部交代，所以这确实属于异方位交代钾长石化。

然而，在前述花岗岩钾长石某些切面上几乎不见含条纹钠长石（图 32、图 33）或者有些含钙较高的花岗岩中的钾长石本来就缺乏条纹钠长石，当发生异方位钾长石化交代斜长石时，交代生长的钾长石跟原生的钾长石在镜下观察时，没有什么不同，而且在成分上也没有明显差别（表 3），就更容易笼统地把全部钾长石都看成是交代成因的了。

表 3　原生钾长石 K_3 和异方位交代斜长石的新生钾长石 K_3' 电子探针成分对比　（单位：wt%）

矿物	样品数	SiO_2	Al_2O_3	CaO	Na_2O	K_2O	Total
原生钾长石 K_3	5	66.07	17.44	0.004	0.38	16.06	99.95
新生钾长石 K_3'	5	66.46	17.24	0.01	0.29	16.09	100.1

注：样品取自广东阳江东平大澳花岗岩 D_2。

由表 2 可见，异方位交代斜长石的新生钾长石和原生钾长石的化学成分十分近似，没有显著差别。不含斜长石残留体的钾长石 K_3 在阴极发光图像（图 34）上还显示具有浅灰薄膜及蔚蓝色三角形，似与新生钾长石略有不同，但这很难起区分作用。上述现象表明缺乏条纹钠长石的原生钾长石与交代生长的钾长石，在成分、光性特征等方面没有明显差别，除了后者包含有被交代斜长石的若干残留体以外，难以区分。

所见的有钾长石交代斜长石的岩石中，不仅其原生斜长石边部被钾长石化交代，并且交代生长的净边钠长石（图 35）和对错交代钠长石（图 36）也都遭受局部钾长石化了。如果这里岩石中的钾长石化交代作用不是分先后两次发生[①]，而是一次形成的，那么这里的钾长石化应该是在钠长石化作用之后发生的。

然而，在具有异方位钾长石化岩石中的不同方位钾长石颗粒之间的接触界面倒显得一般平直正常（如图 35 中 K_1K_2 界面和图 36 中 K_1K_2 右侧界面），有时也有弯曲。显然没有 1.1.2.1 节所着重描述的交代生长的新生钾长石的典型特点，即含有近旁被交代钾长石中条纹钠长石的残留体。但考虑到这里的钾长石化能对斜长石（钠长石）进行交代，那么在交代老钾长石时，把其中的条纹钠长石也交代掉而不留下它们的残留体，倒是可以期待的。新生钾长石也未必都有 1.1.2.1 节描述的蠕虫状钠长石发育（如新疆尾亚石英正长岩中所见）。因此，这两个特点都不存在、都不出现，还不足以排除有新生钾长石化的可能。

然而这里的交代斜长石（钠长石）的新钾长石有含条纹钠长石更稀少的特点，这种特

---

① 发生过两次异方位交代钾长石化（即第一次钾长石化，第二次钠长石化，第三次又是钾长石化），也是有可能的。

点在目前钾长石颗粒交界面的两侧，似乎并不明显存在。

如果钾长石颗粒之间发生过新生钾长石交代生长，必定使钾长石颗粒交界面（线）变得异常弯曲或不规则（如图20）。但单凭这一点还难以确定钾长石化的存在。

在正交偏光下加石英试板，检查两颗钾长石交界部位，注意查找有无1.1.2.1节所见的对错两块钾长石的出现（如图19、图20所见）。若有，就可以确定有钾长石化。若始终没有发现，则作者认为可大致排除钾长石化。观察了许多交界部位，没有这一现象。

于是，作者初步判断，这里可能未曾有过新钾长石交代老钾长石的现象。

如果这个判断可靠，说明这里的新钾长石对斜长石（钠长石）进行交代，不是在新钾长石化强烈交代老钾长石之后发生的，而是一种不交代老钾长石而专门交代斜长石（钠长石）的钾长石化。此外，新钾长石不对石英和黑云母进行交代。

归纳这两节描述的异方位新生钾长石化现象，新生钾长石化至少分为两种：一种（1.1.2.1节）主要交代老的钾长石，难以交代钠长石，不交代斜长石；另一种（1.1.2.2节）则主要局部交代斜长石（包括钠长石），却不交代老的钾长石。这就是说，在前一种情况下，老钾长石比斜长石容易溶解；在后一种情况下，斜长石（钠长石）反而比老钾长石容易溶解。或许还会有老钾长石和斜长石（钠长石）都可以被溶解交代的情况，但作者尚未遇到。造成这种现象的原因，有待探索研究。

1.1.3 异方位交代白云母化

异方位白云母化可以交代钾长石、黑云母和斜长石。首先应该说说原生白云母。

1.1.3.1 原生白云母

花岗岩中白云母曾被洛多奇尼科夫（Лодочников，Lodochnikov，1955《最主要的造岩矿物》）认为是典型的岩浆期后（эпимагматический，epimagmatic[①]）产物，属于交代成因。然而白云母不都是岩浆期后成因，可以有原生白云母存在。德国西南部的二叠纪流纹岩中有白云母自形小斑晶存在（Schleicher and Lippolt，1981），甚至见白云母小晶体还出现在流纹岩的熔浆包裹体中（Webster and Duffield，1991），说明酸性岩浆可以结晶出原生白云母。岩石矿物的实验研究表明（图37），花岗岩最低熔融曲线（Tuttle and Brown，1958）与白云母的稳定曲线（Yorder and Eugster，1955）相交（相交点约为1.5kbar[②]和700℃），也与白云母+石英与钾长石+红柱石+水的平衡曲线（Althaus et al.，1970）相交（相交点约为3.5kbar和650℃），说明在曲线相交的夹持范围内的温度压力下的花岗岩熔体晶出原生白云母是有可能的。目前，国内外许多学者都承认和肯定花岗岩中可以有原生（岩浆）成因白云母的存在。

花岗岩中原生白云母有以下几个特点（Saavedra，1978；Speer，1984）：

---

① 即deuteric，曾译成浅岩浆的。

② 1kbar = 10^8 Pa。

（1）颗粒大小与其他矿物相当。

（2）半自形或自形。

（3）边界清晰，与其他矿物无反应关系。

作者认为，原生白云母还有比较纯净、透明的特点。因为它在花岗岩中晶出时间，尤其结束结晶的时间往往很晚，它可以围绕一颗黑云母生长，形成同方位包裹自形黑云母（图38中Ms，图39中Ms_1）。也可能异方位半包黑云母或别的矿物（图39中Ms_2）。它与石英搭界时，还可以呈充填状他形（图40）。

原生白云母与石英或斜长石搭界的边界是很清晰的（图42）。与黑云母或钾长石搭界边界，也应该清晰，如果没有次生白云母化。如果有，那边界就不一定整齐了。可能平直（图41），也可能变得崎岖不平（图42）。而次生白云母化在花岗岩中相当常见，尤其是在浅色的、铝强烈过饱和的含有原生白云母的花岗岩中。

对次生白云母，许多学者认为可分为晚岩浆-后岩浆交代型白云母（以交代黑云母为主）和热液白云母（鳞片状交代斜长石及沿裂隙分布）两种（Monier and Robert，1986）。我们则认为次生交代白云母，按交代方位的异同，可分为异方位交代和同方位交代两种。同方位交代指白云母同方位交代黑云母，放在同方位交代型中叙述。白云母的异方位交代，主要是交代钾长石，也可交代黑云母，还可以呈鳞片状在斜长石内部交代斜长石，但不从外面交代斜长石，不交代石英。兹分别叙述于后。

1.1.3.2　异方位白云母化交代钾长石

异方位白云母化交代钾长石，多出现在原生白云母与钾长石交界部位，新生白云母向钾长石呈枝杈状交代生长。钾长石在岩石中含量高，与原生白云母搭界的机会也多，又容易被白云母交代，所以是白云母化最常出现的部位（图41、图42）。尽管交代生长的白云母的形态可以很不规则，但它的结晶方位和钾长石外侧近旁的一颗原生云母（白云母或黑云母）却是一致，这显然说明钾长石内枝杈状白云母为交代成因，而钾长石之外的白云母或黑云母则不是交代什么矿物形成的，而是原来就已经存在了的，为原生成因。前者是在后者基础上向钾长石交代生长而成。但如果交代强烈，钾长石自形的外形消失，交代白云母与原生白云母本来不存在分界线，它们在光学特征上又没有差别，就分不清哪部分是原生的、哪部分是交代生长的，便容易把整个白云母都当做是交代生长成因的了。

从图42还可以看出，充填状他形白云母Ms与斜长石和石英的界面清晰平整，但与钾长石的界面则显得毛糙，这是因为在与钾长石交界面上发生过局部白云母化交代。由此可见，原生白云母具有清晰的轮廓边界，原则上是对的（当与石英、斜长石搭界时）。但是，一旦出现白云母化，在原生白云母靠钾长石的边界可能会显得不平整，出现枝杈状白云母化现象。

1.1.3.3　白云母异方位交代黑云母

在原生白云母与黑云母交界处，或者在两颗黑云母交界处，有时会出现白云母化不规则交代黑云母现象（图43）。交代白云母与其旁的云母（黑云母或白云母）的结晶方位一致。

在两颗不同方位的黑云母交界处，有时可遇到两排小颗粒白云母呈对错交代黑云母的现象（图 44）。这种现象往往见于浅色花岗岩（以富碱高硅多铝贫钙镁铁为特征）中，其所含的黑云母常为多色性较浅的黑鳞云母（protolithionite）（含少量 Li）。这两排白云母分别与其背后贴靠的黑鳞云母的结晶方位一致（在单偏光下和在正交偏光下旋转物台作观察时，可以从解理和消光位的一致性，以及干涉色的异同中察觉出）。由于岩石中黑鳞云母含量少，两颗黑鳞云母搭界部位很局限，白云母对错交代作用又较弱，因而出现这一现象的机会很少，即使出现，也不易被发现，容易被忽视。

1.1.3.4　斜长石中发生的绢云母化白云母化

原生白云母与斜长石交界面总是清晰平直的，白云母化不会在斜长石的边界上发生。然而在斜长石的内部却经常会发生局部甚至大部分绢云母化、白云母化现象。许多研究者把后者列入比岩浆期后更晚的热液交代期的产物。

斜长石内部发生蚀变时，先是变得浑浊，接着会在斜长石内部形成众多微细的绢云母，甚至一些细小的白云母片 Ms′（图 45）。这些细小白云母片总体上呈杂乱分布，但其中有时也有一些、甚至许多小片可有大致定向排列的趋势。

这些细小白云母片的出现和生长与斜长石晶体之外存在的白云母（Ms）和黑云母（Bi）无关。为什么在斜长石蚀变时会出现绢云母化和白云母化呢？经近二三十年运用扫描电镜和透射电镜等方法和手段的研究，认为这种蚀变现象与斜长石内出现显微空洞有关。认为在热液作用下，斜长石（尤其是偏中性斜长石）显然比钾长石容易产生显微空洞。由于显微空洞发育，在显微镜下单偏光观察时，就显得浑浊。出现显微空洞后，可促使热液（含钾）渗入，斜长石被分解，CaO 移出，Na_2O、Al_2O_3 和 SiO_2 多被留下，后两者与 K_2O 及 OH^- 离子结合，在空洞中生长绢云母、白云母，局部交代斜长石。这种交代当然也属于异方位交代。它的生长没有同类矿物可以贴靠，而不得不推测以杂质或晶格缺陷为中心，进行结晶生长［请参阅本书后面的 2.5 节"同方位交代长石中出现显微空洞（微孔）"内容］。

1.1.3.5　原生、交代白云母、热液绢云母化学成分

在同一个岩体中，原生白云母和交代成因白云母的化学成分差别如何呢？我们对赣南（白面石）、粤北（诸广山、贵东）二云母花岗岩中原生白云母 Ms 和交代钾长石成因的白云母 Ms′ 做过少量电子探针分析。其结果和美国加利福尼亚 Old Woman 山二云母花岗岩的原生白云母 Ms 和次生白云母 Ms′ 成分（Miller et al.，1981）对照（表 4），似乎有一种变化趋势，即：原生白云母比交代白云母含 TiO_2、Al_2O_3 和 Na_2O 相对较高，而含 FeO 和 MgO 相对较低。Monier 和 Robert（1986）对法国中央地块的浅色花岗岩中研究中发现，原生白云母从内核到边缘，Ti 含量呈系统降低（从 0.45% 降至 0.2%）。他们认为这正反映了该白云母是在岩浆中 Ti 的急速耗尽状态下结晶形成的，而不是在固相线下经蚀变作用所形成。

表 4　不同成因白云母电子探针测定成分　　　　　　（单位：wt%）

矿物	样品数	SiO$_2$	TiO$_2$	Al$_2$O$_3$	∑FeO	MgO	Na$_2$O	K$_2$O	Total
原生 Ms（325-6）	3	46.2	0.76	31.69	3.1	1.08	0.6	10.71	94.14
Ms′K（325-6）	3	46.86	0.38	29.73	4.6	1.43	0.36	11	94.8
原生 Ms（3075-2）	6	46.83	0.59	32.37	1.38	0.63	0.53	10.88	93.2
Ms′K（3075-2）	6	46.77	0.09	32.23	1.53	0.74	0.33	11.1	92.78
原生 Ms（P15）		45.55	0.77	32.32	4.12	0.74	0.75	10.2	94.45
Ms′（P15）		46.43	0.31	29.18	5.56	1.64	0.19	10.93	94.24
Ms′Bi（3075-2）	16	46.21	1.24	29.15	4.35	1.88	0.04	10.56	95.76
热液 Ms″（石土岭）	1	46.04	0.125	33.6	1.05	0.544	0.027	10.644	92.64
热液 Ms″（P. Mouton）	6	47.57	0.83	36.18	1.39	0.68	0.32	8.5	95.47
热液 Ms″（富城）	3	51.74	0.04	32.89	2.49	1.11	0.07	8.98	97.32

注：Ms—原生，Ms′—交代，Ms′K—交代钾长石，Ms′Bi—异方位交代黑云母，Ms″—斜长石中热液绢云母；325-6—赣南黄峰岭二云母花岗岩；3075-2—江西白面石二云母花岗岩；P15—美国加州 Old Woman-Piute Mt. 二云母花岗岩（Miller et al.，1981）；石土岭—广东贵东岩体石土岭碱长花岗岩（王文广提供）；富城—江西富城强过铝质花岗岩（章邦桐等，2010）；P. Mouton—加拿大 Nova Scotia 西南 Port Mouton 花岗岩（Fallon，1998）。

　　Speer（1984）（对美国阿巴拉契亚南部的许多花岗岩），Borodina 和 Fershtater（1988）（对喜马拉雅山 Manaslu 浅色花岗岩），孙涛等（2002）、汪相等（2007）（对华南一些含白云母花岗岩）总体上都认为原生白云母的钛含量稳定且相对较高，而对 Mg、Fe、Na、Al、Si 含量则看法不一。Borodina 和 Fershtater（1988）、汪相等（2007）认为原生白云母贫 Na、Mg、Al，富 Fe、Si。孙涛等（2002）则相反，认为原生白云母为富 Na、Mg、Al，贫 Fe、Si。最近我们对白面石二云母花岗岩中以异方位交代黑云母的白云母（3075-2）做了电子探针成分分析，16 个测点的平均 TiO$_2$ 含量达到 1.24%，比原生白云母高出两倍，∑FeO 和 MgO 含量也明显高于原生白云母。表明与前述趋势不一致。章邦桐等（2010）根据对江西富城二云母花岗岩中原生白云母并不稳定相对富 Ti 等，认为"应用 Ti、Mg、Al、Na、Si、Fe/（Fe+Mg）等化学特征来判别花岗岩中白云母的成因类型不具有普遍的实际意义"。

　　作者以为，不同地区不同岩体中，原生成因、交代成因的白云母的化学成分会有所差异，是否存在一种共同的趋势，看来尚需积累资料，目前还难以得出明确的结论。至少还难以根据化学特征来判别它们。

　　斜长石经热液蚀变常发生"绢云母化"。但"绢云母化"只是个统称，实际上除主要为伊利石水云母外，还会有不同比例的蒙脱石、混层黏土、高岭石出现。至于蚀变斜长石中的热液绢云母的成分，我们没有做过专门测试工作。但从收集到的已分析资料看（表 4 中的 Ms″）差别较大。

1.1.4　石英化

　　"硅化"这一地质术语，应用相当广泛。经常把石英含量明显增加的岩石，称该岩石发生了"硅化"。如原岩为花岗岩，就称为硅化花岗岩。还依据石英含量增加的程度，分为弱硅化、中等硅化、强硅化花岗岩（图46）。不过，这里所称的因硅化而增加的石英，多半是热液成因石英对碎裂花岗岩进行充填胶结所致。这些热液石英，多为无色、灰色，也有肉红色、杂色的，它们可以是微晶石英、细晶石英或者粒度大小不等的石英，常呈不规则脉状、网脉状胶结碎裂花岗岩。当这些石英在颜色上与花岗岩相似时，最容易被视为交代成因的"硅化"。尽管如此，在显微镜用中高倍物镜单偏光下（缩小光圈）观察时，有时可见有些细小他形颗粒石英的内部具有自形生长线（图47），说明它们是硅质流体在自由空间中结晶的微晶石英、细晶石英，属于热液充填成因，不属于交代成因。

下面介绍的真正交代成因的石英化，是由交代作用所形成。石英主要交代钾长石。石英与长石等矿物的结晶格架不同，石英对长石的交代生长当然属于异方位交代类型。

广东阳江北环浅色花岗岩为富硅、高碱、多铝、贫钙、镁、铁的花岗岩，其中有时可见有新生石英交代碱性长石钾长石的现象。从图48、图49可见，自形碱性长石晶体内部有一些不规则状分布的石英，它们分别恰好与自形碱性长石之外的石英的方位一致。在自形、半自形碱性长石周围的他形石英，因无交代某种矿物而成的证据，可判断为原生石英。而分布在碱性长石内部的不规则形状石英，特别是靠近边缘的石英（Q_1'，Q_3'），由于它们分别与自形碱性长石之外的原生石英（Q_1，Q_3）结晶方位一致，并包含有钾长石或钠长石不改变方位的残留体，说明是贴靠在 Q_1，Q_3 的基础上，向着碱性长石交代生长而成。至于碱性长石中比较靠内部的一些不规则形状的石英，可能是从薄片的上方或下方交代进来的，而其贴靠生长的原生石英未被切到。

石英交代生长时，被交代的主要是钾长石。在交代钾长石过程中，也会交代掉一些细小的条纹钠长石，但较粗的条纹钠长石会被残留下来，并且保持原来的方位。然而石英化不交代整块状斜长石（钠长石）（图50）、黑鳞云母（图51），也不交代原生石英。

从图50、图51可看出，碱性长石晶体被石英强烈交代后，只剩下骨架状的条纹钠长石。但是其周围旁侧的石英和自形钠长石晶体，还有黑鳞云母晶体都保持完整，并不显示有明显被交代现象。经受了这样强烈石英化的岩石甚至连碎裂变形现象都不显著。表明石英化是在岩石未曾明显破碎的状态下发生的。而且石英交代钾长石，并未显示沿其解理或"裂隙"进行，也不按石英的 c 轴方向优先交代生长，而是无规律的弯曲圆滑状交代生长的。

从图48可以看出，在石英化发生之初，即在碱性长石自形外部轮廓还有所保持（暂时保持）的情况下，石英交代已迅速进展到碱性长石的内部。随后（图49），碱性长石内部的钾长石都被交代掉，只剩条纹钠长石，石英化逐渐交代其外部的钾长石，使残留体轮廓被交代成圆滑状。石英化交代进一步发展时，碱性长石的钾长石相可被石英彻底交代，仅剩下骨架状条纹钠长石残余体（图50）。但自形斜长石（钠长石）和厚片状黑鳞云母（图51）始终保存完好，不被石英交代。

石英（Q'）可以（也容易）交代方解石（Cc）。众所周知，花岗岩本来并不含方解石，这里所提及的方解石是指在花岗岩发生一种特殊的碱交代的过程中，方解石交代了花岗岩中的部分原生石英和钾长石而形成的。方解石占据了原生石英以及部分钾长石的位置。这种现象在甘肃莨岭花岗岩的碱交代岩中很普遍，交代生成的方解石被后来发生的新生钠长石化和更晚的石英化所交代（图 52），可使大部分方解石被交代掉（请看 3.6 节相关内容）。

1.1.5　黑鳞云母化

在富硅、高碱、多铝、贫钙、镁、铁的富含 F 的含 Nb、Ta、Sn、Li 稀有金属矿化花岗岩主体中所含的黑云母，其多色性较浅，为浅黄至褐色，属于黑鳞云母（Protolithionite）[化学式为 $K_2(Fe, Mg, Mn, Ti)_{2.5} Li_1 Al_2[Al_2 Si_6 O_{20}](OH, F)_4$]。它较普通黑云母明显含 Li_2O，可达 1% ~ 2%。若 Li_2O 含量进一步增高，Fe、Ti 进一步减少，可过渡到铁锂云母。它晚于碱性长石和斜长石（钠长石）结晶，常呈厚片状晶，或填隙状半包或全包完整自形的钠长石晶体（图 53）。

但还有一些黑鳞云母（在厚片状黑鳞云母 Bi 的边部）（图 54 中的 Bi'）中包含有一些条纹钠长石残留晶。也有的黑鳞云母甚至出现在残留的条纹钠长石之中（图 55），其中并包含细小的条纹钠长石。说明这部分黑鳞云母 Bi' 是黑鳞云母化产物，是交代碱性长石中的钾长石而形成的。

图 54 中的黑鳞云母 Bi'，位于 Bi 的边部，具有与 Bi 完全一致的结晶方位，同样的多色性和干涉色，但 Bi' 与 Bi 之间没有明确的分界线。不清楚它们之间在成分上是否存在什么差别（由于是 1964 年制作的薄片上有盖玻璃，而未能作电子探针分析）。对于黑鳞云母的成因有两种看法：

第一种看法认为，既然 Bi' 交代钾长石，Bi 与 Bi' 没有差别，于是认为 Bi 也是交代成因，即岩石中的所有黑鳞云母都是交代形成的。

第二种看法认为，Bi' 是交代形成，但 Bi 未必也是交代形成，而可能是原来岩石中就存在了的，是原生的。鉴于该岩中碱性长石的条纹钠长石普遍都很发育，而交代成因的黑鳞云母只能靠交代钾长石才可形成，故交代成因的黑鳞云母很容易含有条纹钠长石残留体。既然在 Bi 中明显不见含条纹钠长石残留体，这就缺乏交代成因的依据。

作者赞同后一种看法，即既有原生成因的黑鳞云母，也有交代成因的黑鳞云母。后者需要贴靠在前者之上，向钾长石交代生长。尽管两者缺乏界线，但可大致判断：明显不含条纹钠长石残留体的厚片状（对该岩来说，大致>0.5mm）的黑鳞云母（如图 54 中的 Bi）（与自形斜长石（钠长石）和原生石英平直搭界）为原生成因，而包含有条纹钠长石的残留体的黑鳞云母（图 54，55 中的 Bi'）为交代成因（请参阅图 51、图 163）。

由于切片的局限性，黑鳞云母化在薄片中出现时，未必都能切到其贴靠的原生黑鳞云母。从图 55 中 Bi' 的位置看，其贴靠的原生黑鳞云母应位于薄片切面之上或之下。

由于碱性长石中条纹钠长石广泛发育，交代碱性长石的黑鳞云母应该含有条纹钠长石的残留体。如果某颗黑鳞云母中不含条纹钠长石残留体，倒可表明它不大可能是交代成因，而是原生的。总之，作者认为，该岩中的黑鳞云母既有原生的，也有交代成因的。

1.1.6　绿柱石化

在花岗岩浆演化晚期形成的富碱、高硅的浅色花岗岩的边缘相中有时会出现含小的（直径 2～4cm）伟晶岩囊包。广东台山山背浅色花岗岩顶部的伟晶岩囊包的中心为全他形的浅绿色绿柱石，其四周为自形的钾长石，钠长石等。自形长石之外的充填状全他形绿柱石（Ber）应属原生，而其旁以不规则状进入钾长石内的绿柱石（Ber′）应为交代钾长石（K）而成。交代形成的绿柱石（Ber′）取近旁原生绿柱石（Ber）的结晶方位为其结晶方位（图54、图55）。在绿柱石（Ber′）化交代生长时，钠长石和黑云母晶体相对稳定，未明显遭受绿柱石化交代。（并请参阅后面图151、图152）。

以上列举的异方位交代型的造岩矿物（钠长石、钾长石、白云母、石英、黑鳞云母、绿柱石）交代生长，其原岩花岗岩中均存在有与交代矿物同类或一致的矿物。交代生长的新生矿物自然选择其近旁同类或一致的矿物的结晶方位为其结晶方位，向着易被交代的矿物（如钾长石）交代生长出新生矿物。

但是如果要发生交代生长的新生矿物是原岩中所没有的，即原岩中不存在新生矿物的同类矿物，那怎么办？就不发生交代生长了吗？一般说来，是难以发生交代生长现象了。不过，在无从选择其同类矿物的情况下，有些新矿物还确实发生了交代生长，这不能不使我们推测，它们选择了杂质作为其交代生长的中心，形成雏晶，然后向易被交代矿物交代生长。例如下面叙述的方解石（碳酸盐）化、黄铁矿化，以及斜长石中的绢云母化、白云母化。

1.1.7　方解石化

花岗岩中本来不含方解石，所以一般不出现方解石化，但在一些蚀变的花岗岩中，方解石化或多或少会有所出现。下面介绍的方解石化，主要为在甘肃莨岭花岗岩中分布的强烈钠交代岩地段中所见。这里的钠交代岩的形成，包括有几次交代作用。钠交代岩的显著特征是石英的丢失，而被很多（稍小的）钠长石颗粒所代替。但石英的丢失，不是被钠长石交代掉的，而是被方解石交代掉的。方解石交代了石英之后，后来众多钠长石颗粒又交代了大部分方解石，于是形成以钠长石为主要成分的钠交代岩。

方解石化开始时，首先呈枝杈状交代原生石英（图58），把原生石英交代成孤岛状（图59），最后，石英消失，完全被方解石代替（图61）。

对于长石来说，通常钾长石比斜长石更易遭受方解石化。钾长石中常可出现散漫星点状方解石化（图60），但方解石化较少交代绢云母化的斜长石。如果花岗岩方解石化十分强烈，石英先被彻底交代掉，钾长石也可被全部交代掉，而只残留下其中的凌乱分布的钠长石（包括条纹钠长石和同方位钠长石化形成的钠长石）（图61），但整块状斜长石（钠长石）和绿泥石则基本保持原来形态，不被触动。

此外，据作者经验，当花岗岩或花岗斑岩蚀变非常强烈，钾长石、斜长石两种长石都已模糊不清而不易区分时，可以把方解石化多的判断为钾长石，而绢云母化强烈的判断为斜长石。

1.1.8　黄铁矿化

在正常的未蚀变的花岗岩造岩矿物中，一般看不到黄铁矿晶体（或许在细小的副矿物中有少量存在）。但在某些花岗碎裂蚀变岩中，例如广东和平九连山花岗岩的碎裂蚀变岩中见有众多交代成因的黄铁矿自形立方晶体的出现（直径可达 1.5cm）（戎嘉树，1982）。在黄铁矿变晶中可见有斜长石的交代残余体（不改变方位）（图 62）。

1.2　同方位交代型

指交代和被交代两种矿物属于同类矿物或相似矿物，它们具有一致或近似的结晶格架方位。新矿物沿原矿物的结晶格架方位进行交代，使原矿物部分地、甚至全部地改造转变成为新矿物。新矿物保持原矿物的结晶格架方位。交代彻底时，新矿物完全代替了原矿物而成为原矿物的假象。

可以归入同方位交代的有黑云母的白云母化和绿泥石化，斜长石的去钙长石化（就地转化为钠长石）和钾长石的同方位交代的钠长石化。

现分别叙述如下。

1.2.1　黑云母转化为白云母

黑云母 $K(Mg, Fe^{2+})_{3-2}(Fe^{3+}, Al, Ti)_{0-2}[Si_{6-5}Al_{2-3}O_{20}]O_{0-2}(OH, F)_{4-2}$ 转化为白云母 $K_2Al_4[Si_6Al_2O_{20}](OH, F)_4$ 时，可释放出 Mg、Fe、Ti。

白云母与黑云母的结晶格架相似，都具有发育的底面（001）解理。含 Si、Al 的热液沿解理进入黑云母结晶格架，可把 Fe、Mg、Ti 替换出来，使黑云母转变为白云母（图 63、图 64）。

1.2.2　黑云母转化为绿泥石

绿泥石与黑云母的结晶格架不同，但还有些相似（Deer et al.，1963，2001）。

黑云母蚀变后很容易局部地、甚至全部转变为绿泥石，成为黑云母的假象（图 65）。它们具有一致的底面（001）解理。

黑云母转变为绿泥石后（表 5），K_2O 几乎丢失殆尽，SiO_2、TiO_2 明显丢失，而 MgO，FeO 则有较大幅度增加。金属氧化物的总量降低，表明 H_2O 和挥发分有明显增加。

表 5　黑云母 Bi 与假象绿泥石 Chl 化学成分比较　　　　（单位：wt%）

矿物	样品数	SiO$_2$	TiO$_2$	Al$_2$O$_3$	ΣFeO	MnO	MgO	Na$_2$O	K$_2$O	Total
黑云母 Bi	3	36.4	3.49	15.68	22.1	0.43	8.23	0.082	9.52	96.1
绿泥石 Chl	3	28.26	0.32	16.45	27.58	0.62	12.69	0.2	0.1	86.37

注：样品来自甘肃芨岭花岗岩。

1.2.3　斜长石（去钙长石化）转化为钠长石

斜长石很容易发生蚀变。牌号较低的更-中长石，蚀变后常出现绢云母化、水云母化，斜长石本身转变为钠长石。牌号较高的中长石拉长石，蚀变发生钠长黝帘石化 [saussuritization，原译为钠黝帘石化，胡受奚等（2004）建议改译为钠长黝帘石化]，形成细小颗粒的黝帘石、斜黝帘石、绿帘石和方解石等，斜长石本身则转变为钠长石。环带状斜长石的核部号码高，往往变化最为明显、强烈，环带消失，号码降低，向钠长石方向转变，而边部却缺乏变化，保持比较干净。不显环带的更长石，绢云母化钠长石化可均匀、亦可不均匀（图66）。在富含 F 的花岗岩中斜长石蚀变后变浑浊，还可含细小颗粒的黄玉和萤石（Haapala，1997）。蚀变后，斜长石的牌号降低，原地转变为钠长石。这种钠长石化称为"去钙长石化"（deanorthitization）。去钙长石化可以不均匀。在绢云母化的部位，斜长石转变为钠长石。但在显然未发生绢云母化的部位，斜长石仍可保留其原来的成分（图66）。

曾有一种说法，斜长石出现绢云母化的过程中新增的钾，来自原来斜长石中的反条纹长石的钾长石小块体。当绢云母化强烈时，往往看不清斜长石中原有的钾长石小块体。然而，作者看到，当斜长石绢云母化局部发育时，反条纹钾长石小块体还是存在的。即使斜长石已经相当强烈地绢云母化了，反条纹钾长石小块体还照样存在，并未消失（图67）。因而不能不考虑，绢云母化的钾，或许并非来自反条纹钾长石，而是或者来自斜长石本身，或者应该有钾、硅的带入。

1.2.4　钾长石同方位钠长石化转化为钠长石

在我国南方和北方的一些花岗岩体中，常可遇到（尽管出现并不频繁）通常宽数米、十余米，长数十米至百余米舌状、似脉状的碱交代岩（钠交代岩）。它不是脉岩或侵入岩，而是由多期多阶段花岗岩（包括伟晶岩，细晶岩）经原地改造而成（形成于最晚的中基性岩脉贯入之前）。碱交代岩（钠交代岩）以石英缺失或明显减少（被方解石+钠长石+绿泥石等矿物替代），碱性长石总含量增高，基本结构没有大的变化为其主要特征标志。碱交代岩及其围岩花岗岩通常伴有云雾状水针铁矿化而大多呈红色、褐红色 [因长石（包括斜长石）都显褐红色[①]]。所以从长石的颜色和晶粒大小、形态来说，碱交代岩与其周围

---

　　① 也有少数不伴有云雾状水针铁矿化的钠长石化较弱的钠交代岩呈灰黄色，如江西西南端诸广山花岗岩体中高昔钠交代岩。其围岩花岗岩也为灰黄色。

花岗岩很近似，只是在石英含量上差别显著。从外围普通正常花岗岩到靠近钠交代岩的褐红色花岗岩，可以有小于1m到几米的渐变的过渡带。但从褐红色花岗岩变为褐红色缺失石英的钠交代岩，则变化很急速，过渡带宽度仅只<1～2cm，这种变化应该不是渐变而是突变的（图68、图69）。碱交代可有钠交代，钾钠混合交代和钾交代之分，最多见的为钠交代（本书仅就花岗岩的钠交代岩形成过程进行讨论）。图68为芨岭斑状花岗岩与其钠交代岩突变的野外露头，交界处可见有一条脉壁平整的细晶岩脉横向穿过。这条脉在钠交代岩部位也受到钠交代的影响，也丢失了石英。但它仍然平整，不显示有明显破碎或断裂形态，最多只是微碎裂而已。

在华南一带花岗岩中所遇到的钠交代岩中，在石英去掉以后的位置上，生长了一些小颗粒钠长石，甚至钾长石，原生钾长石往往仍完整保留，其成分一般都没有改变。

但在以甘肃芨岭为代表的北方地区的钠交代作用十分强烈。一进入碱交代岩，除了石英消失以外，大部分钾长石都变为钠长石。原来岩石的主要结构（无论是细粒、中粒、中粗粒、或斑状结构），还是基本保留。虽然钾长石的外形未变（粗大、短柱状），但却已转变为具棋盘状双晶特征的钠长石了。这种变化比较突然，通常难以察觉有逐渐过渡的情况。似乎碱交代岩化有一种特殊的作用力，能把钾长石原地"蒸煮"成钠长石。为什么会出现这种强烈的变化，会形成这种同方位的钠长石化，而且转化得那么突然，一直都是疑惑不解的。

后来在钠交代岩和花岗岩交界处多处取样，发现在钠交代岩与花岗岩（同样都有红化云雾状水针铁矿化）交界面的内外范围内，见到钾长石的这种同方位钠长石化从开始变化到彻底变化的过渡迹象。它们都具有红化的钾长石外貌，在野外无法分辨是未变的钾长石，还是已经彻底发生了同方位钠长石化的。通过对众多薄片的观察，这种同方位钠长石化确实有从小到大，从开始发育、到中度发育、到强烈发育的变化过程。这种过渡范围相当急速，大约只有<1m而已。

钾长石的同方位钠长石化形成的钠长石有以下一些特点：①伴有云雾状水针铁矿；②最初呈群点状、层片状、团块状，后扩展到连片，直到整体；③有时具有特征的棋盘状双晶，其牌号An值≈0。钾长石同方位钠长石化所形成的钠长石，与条纹钠长石的结晶方位是一致的，但在形态和分布上有所不同。这可以从一系列显微照片（图70～图76）看出。

钾长石同方位交代钠长石化，对多期复式花岗岩体来说，是较晚发生的交代作用，但对钠交代岩化来说，却可能是最早发生的一次交代作用。

它可以在钾长石的边部出现，也可以在钾长石的内部出现。从图70可以看出，它往往还避开条纹钠长石，在纯钾长石相中开始发育。它出现时都伴有云雾状水针铁矿化。在云雾状水针铁矿化浓集处，有群点状同方位钠长石隐约出现，这似乎暗示同方位钠长石化以水针铁矿化作为开路先锋，先出现云雾状水针铁矿化，随即发生同方位钠长石化。

起初它呈"群点状"散布，接着它呈"层片状"。层片沿（010）延展，层片外形呈不规则，无定形 [这显然不同于条纹钠长石，后者主要沿（$\overline{6}01$），（$\overline{7}01$）或（$\overline{15}02$），即 Murchison 面分布]。相邻层片合并连接成"团块状"。团块由小到大，形态很不规则。有时会在某一侧聚集（图74）。最后，使整个钾长石彻底同方位钠长石化。

同方位钠长石化并不是沿钾长石较发育解理（001）及其两侧进行的，而且可以说与（001）解理的发育没有关系（图70、图71）（这是否暗示它发生在解理出现之前）。实在出乎人们的想象。图70～图73显示了钾长石同方位钠长石化比较脏杂（由于云雾状水针铁矿化）与条纹钠长石在分布和形态上的不同。作者制作了图78，示意地表示它们之间的差别。

在同方位交代形成的钠长石中含有众多显微空洞（微孔）①（图77），而且细小的赤铁矿质点（发亮）就产在微孔中。但在原生钾长石中所见微孔较少，主要出现在交界边上。

同方位钠长石化形成的钠长石与原生钾长石的分界，在显微镜下和背散射电子图像上即使放大到4000倍，两者界线仍然截然分明（图77）。

钾长石斑晶的外缘有时有斜长石（通常为奥长石）环绕，或半环，称为奥长环斑。图75和图76显示一颗奥长环斑钾长石在奥长石环和钾长石之间局部发生同方位钠长石化的现象。奥长石绢云母化后转变为钠长石，具有密集整齐的钠长石聚片双晶。而同方位钠长石化出现时，它具有一种较宽的双晶（不是密集整齐的聚片双晶），其双晶结合面曲折多变［显然有一部分为（010）］。这种双晶也与微斜长石中的特征的花呢格子状双晶有别。由于有点像棋盘，通常把这种同方位交代形成的钠长石称为棋盘状钠长石。

当切面⊥（010）或∥b轴时，棋盘状双晶尤其明显（图79A）。当切面大致∥（010）面时，同方位交代形成的钠长石则不显示棋盘状，而呈不均匀斑驳状（图79B），甚至接近均匀状。但其外形（图70～图75）都呈不规则团块状、堆状，而不同于条纹状钠长石。

钾长石被同方位钠长石交代后形成的钠长石也未必都形成棋盘状双晶，尤其是彻底同方位钠长石化，只是呈现为不均匀，比较浑浊。容易误以为该钾长石并未同方位钠长石化。

作者认为可以用以下方法区别它们，即缓慢旋转载物台，使该长石的干涉色从不均匀变得均匀一致，即双晶消失或不均匀状消光消失，呈均匀一致的灰色。此时，如果是未变的钾长石，那么其中的或大或小的条纹钠长石必定因干涉色较高（显一级白）而明显与钾长石（一级灰）不同。这两者的消光位不同，折光率也略有差别。而如果条纹钠长石与原钾长石主晶的干涉色已趋向一致，消光位也一致，两者折光率已没有差别，那就可以判断，该钾长石已经彻底同方位钠长石化了。这时，见到的"条纹"只是一些稍显透亮的比较模糊的原条纹钠长石的残留阴影（图80）。

原生钾长石和棋盘状钠长石（样品来自甘肃芨岭花岗岩）成分对比见表6。

表6　原生钾长石与同方位棋盘状钠长石电子探针测定成分的对比（单位：wt%）

矿物	样品数	SiO_2	Al_2O_3	ΣFeO	CaO	Na_2O	K_2O	Total	An
原生钾长石 K	5	64.27	18.39	0.07	0.01	0.65	16.04	99.9	
同方位钠长石化 K(Ab)	6	68.22	19.63	0.1	0.08	11.35	0.06	99.44	0.39

表6表明，原生钾长石被同方位钠长石化后，K_2O基本丢失殆尽，Na_2O大量增加，

---

① 微孔的发育被认为是造成同方位交代的一个重要因素。但微孔的成因还有待研究。微孔在钾长石中也会出现一些，只是较少而已。

SiO_2也有所增加。ΣFeO 的含量很低，仅略有增加，价态可能更趋向三价。棋盘状钠长石为纯钠长石（6 个测点的平均值计算得出的斜长石号码 An 值<1）。

棋盘状双晶有细小的，也有相对粗大的（图 79A）。作者选择比较粗大的棋盘状钠长石双晶的相邻两个单晶 1 和 2，用费氏台分别测定它们的光率体，投影到吴氏网上（图 81），分别确定它们的光率体三个轴 [（N_{p1}，N_{m1}，N_{g1}）和（N_{p2}，N_{m2}，N_{g2}）] 的空间位置。然后把它们的同名光率体轴连成三个面（$N_{p1}N_{p2}$，$N_{m1}N_{m2}$，$N_{g1}N_{g2}$）。这三个面恰好相交于一直线，该直线即可认为是它们的双晶轴。该直线大致 $\perp$ (010)，即与晶体的 b 轴大体一致。可以认为它们的双晶轴为 b 轴，但这种双晶的结合面曲折多变 [有一部分为 (010)，缺少统一平直的双晶结合面，故作者暂称此双晶谓"b 轴双晶"]。这也许与原来钾长石微斜长石具有格子状双晶（钠长石双晶与肖钠长石双晶的合晶）有关。

后来，在反复检查钠交代岩内外采集的薄片后发现，钾长石出现同方位钠长石化现象，固然主要是在钠交代岩范围之内，然而在钠交代岩之外原生石英明显保存着的邻旁花岗岩中的钾长石竟然也见有强烈同方位钠长石化现象（图 82），甚至有的钾长石已经彻底地同方位钠长石化了（图 83）。我们知道，钠交代岩化作用主要包括有三个作用：

①钾长石被局部地至彻底地同方位钠长石化。

②方解石彻底交代石英（以及钾长石），代替了原来石英（及部分钾长石）的位置。

③新生钠长石强烈交代方解石，使方解石只有少数残留。

这①并非普遍都很发育。在我国华南花岗岩的钠交代岩中往往不甚发育，或很不发育。故至今都以②和③作用的结果——石英缺失作为划分钠交代岩的依据，圈定钠交代岩范围。但对钠交代岩化非常强烈的西北甘肃芨岭地区来说，这①作用范围虽然主要分布在②③作用范围之内，但在②③作用范围之外的附近花岗岩中，也有所见及。这就使强烈钠交代作用范围比现在以石英缺失所圈定的钠交代岩范围还更大一些。然而由于野外不能识别和区分已彻底同方位钠长石化的钾长石和未变的钾长石（需制作岩石薄片作显微镜下观察），使目前还难以了解彻底同方位钠长石化的确切范围和具体边界（比缺失石英的范围大多少）。后来显微镜下观察研究表明，钾长石的同方位钠长石化是碱交代岩化作用中最早发生的一次交代作用。这次交代作用在华北很发育，但在华南则不甚发育或不发育。

1.2.5　氯磷灰石同方位磷灰石化转化为羟氟磷灰石

Engvik（2009）研究了挪威南部 Ødegården 磷灰石金云母脉（产于方柱石化钠长石化的变辉长岩中）的磷灰石 [颗粒粗达 1~5cm，曾作为磷灰石矿开采（Bugge，1922）]。在背散射电子图像 BSE（图 84）上，见原来的氯磷灰石（Chlorapatite）（代号 Cl-Ap，浅灰色）部分地、直至全部地被羟氟磷灰石（hydroxyl-fluor-apatite）（代号 OH-F-Ap，灰色）交代。氯磷灰石含 Cl 可达 6%，不含 F，而羟氟磷灰石含 Cl 和 F 约 1%。经切过两者交界面的衍射图谱分析，证明同一个颗粒的它们两者具有完全相同的方位，因而是同方位交代。氯磷灰石留在内部，羟氟磷灰石位于周边，分布很凌乱，甚至呈不规则团块状。两者的接触界线清楚、截然。在放大的图 85 上，可见微孔在氯磷灰石中出现很少，而在羟氟磷灰石中则较多见，尤其多沿两者的交界面分布。交代彻底时，整个氯磷灰石可全转变为羟氟磷灰石。

磷灰石的干涉色很低，显然在偏光显微镜下（即使加上石英试板），难以察觉羟氟磷灰石对氯磷灰石的同方位交代现象。如果不用扫描电镜或电子探针观察，恐怕发现不了这一特殊的交代现象。

Yanagisawa 等（1999）曾将氯磷灰石 [Chlorapatite $Ca_{10}(PO_4)_6Cl_2$] 晶粒置于 KOH 溶液中，在500℃下，作用3h，结果其边部转变为羟磷灰石 [hydroxylapatite $Ca_{10}(PO_4)_6(OH)_2$]，宽约40μm，其中出现众多微孔。羟磷灰石与氯磷灰石的界面清楚。这种交代有认为属于离子交换机理的（Yanagisawa et al.，1999），也有认为仍属溶解–再结晶机理的（Putnis，2002）。

第 2 章　矿物交代形成机理

交代作用的机理有溶解–沉淀（也称溶解–再沉淀，实际为溶解–结晶）和离子交换两种，其中以溶解–沉淀机理为主。

对同方位交代来说，至少必须具有下面几个条件，方可发生交代：

（1）具有细微间隙的界面（作为通道）。

（2）有能引发交代的热液渗入和运移。

（3）界面一侧有可被交代的矿物。

条件（1）、（2）是推测的，条件（3）可直接观察到。

对异方位交代来说，有了上面这三个条件还不够，还需要具备第 4 个条件，即：

（4）界面另一侧有交代矿物的同类矿物存在。否则，异方位交代便难以发生。

在探讨交代形成机理之前，先应探讨一下外来气液的通道。

2.1　外来气液的通道

含有一定成分的外来气液，必定需要经过通道，才能进入岩石，引起交代作用。大的通道为岩石中的构造断裂带、挤压破碎带，细小的通道有岩石中的节理、劈理、裂隙，极其微小的则是矿物颗粒之间的颗粒边界和矿物中的解理以及显微孔洞。

许多岩石研究者认为岩石必定先发生破碎，产生裂隙，方可使外来的气液进入，引起矿物的交代作用。然而，发生过交代作用的岩石的结构还相当完整，并不显示明显的破碎现象。也有研究者（如 L. Collins）认为，这是由于后来重结晶而发生愈合，使碎裂的迹象彻底地消灭掉了。这种说法是很值得怀疑的。一般花岗岩受到应力作用时，最易受影响的是石英，产生由弱到强的波状消光。其次，黑云母、白云母会显示弯曲变形，长石则相对比较稳定。当应力作用强烈时，石英、黑云母及较小颗粒的斜长石可发生碎粒化，长板状斜长石也可出现双晶纹弯曲或碎裂，但钾长石，尤其大颗粒的，由于抗应力能力较强，其内部包裹的斜长石石英很少变形，钾长石大晶体除边角部位发生局部磨损外，可基本保持原状，而整个岩石不具有重结晶作用特有的三联点结构[①]，最多在石英中有些破裂愈合现象，故难以做出因重结晶而使破碎痕迹彻底消失的判断。现今不少地区的花岗岩，除石英多少显示有些波状消光外，斜长石双晶纹和钾长石的卡氏双晶都很整齐，尽管经历过不止一次的交代作用，整个岩石仍基本保持原来的半自形粒状结构。

---

① 三联点结构（triple junction）指在薄片中相邻长石石英等造岩矿物常以 Y 字形三分叉直线搭界，顶角各为 120°，此结构常出现在重结晶的岩石中。

矿物的交代作用不仅仅发生在岩石破碎裂隙带及其旁侧，也并非主要沿节理进行，而是可以广泛分布在整个致密坚硬的岩石之中。发生过交代作用的岩石，常常还缺乏产生过明显碎裂的迹象。交代现象确实经常发生在相当致密的岩石（缺乏挤压断裂破碎的痕迹）内的矿物颗粒边界（grain boundary）部位。如果没有外来的气液渗入，交代作用确实不可能在这里发生。这使我们不得不考虑、不能不承认，即使是完整致密岩石的矿物颗粒边界，以及矿物中的解理和显微空洞，也能够成为外来气液渗入岩石并在岩石中运移的通道。

然而，矿物颗粒的边界的宽度是非常狭窄的，无法用普通光学显微镜进行测量。近年来研究人员使用透射电镜（TEM）、高分辨电子显微镜（HREM）等方法进行研究，测定出岩石中矿物颗粒的边界的宽度为 $<100nm$（Behrmann，1985），或 $3 \sim 5nm$（Farver and Yund，1995），甚至仅仅为 $0.5nm$（Hiraga et al.，1999）。或许还要狭窄，狭窄到晶胞参数级，即 $n \sim 100$ Å（1Å $= 1 \times 10^{-8}$mm $= 1 \times 10^{-5}$nm）。

外界气液沿如此狭窄的颗粒边界渗入到岩石之中，在岩石中运移，并使岩石发生矿物的交代作用，确实是难以想象的。但我们如果注意观察，可在大型建筑物地面铺设的抛光花岗岩石板（尽管已经干透）上，有时可以看到其边部会现一些颜色稍深的不规则的"油渍"分布（图86）。虽不知其深度如何，至少证明现今常温常压下油水便可渗入花岗岩石板，更何况埋藏地下经受较高温压下的热液作用呢？当然，跟其他地质作用一样，热液交代作用显然需要经历相当长的时间，否则，恐怕难以完成。不过，这种作用过程所经历的时间，在整个地质体漫长的演化历史中，只是一个短暂片段而已。今后或许可以对致密坚硬的花岗岩做人工模拟的交代作用实验。

对于矿物颗粒边界作为气液渗入运移的通道，可以作如下理解。两种不同矿物的颗粒交界处（无论如何接触），由于它们的结晶格架不同（如图87中的B与C），其交界面上总会有微细缝隙存在。两个相同类型的矿物颗粒，当它们的结晶格架方位不一致相接触时也总有极细微的缝隙存在。两个同类矿物当它们的结晶格架方位一致交接时（图87中的A和C），其颗粒边界十分密闭，双晶结合面两侧的晶格也排列整齐，没有空隙。所以，可以推测，在A与C之间无缝隙，不能作为通道，而B与C之间有缝隙，可以作为热液运移的通道。

2.2　溶解–沉淀机理

溶解–沉淀机理是指交代时，旧矿物发生局部地、逐渐地溶解，新矿物随即同时在该处局部地、逐渐地进行沉淀（晶出）。旧矿物溶解多少，新矿物就晶出多少。或者说，新矿物发生局部地、逐渐地沉淀（晶出）多少，旧矿物就溶解多少。溶解和沉淀（晶出）的时间相同，体积相等。

溶解–沉淀是最普遍、最广泛的交代机理。它适用于不同类的（结晶格架不同的）两个矿物之间的交代，也适用于同类的但结晶方位不一致的两个矿物之间的交代。这些都属于异方位交代。对于同类矿物同方位交代，尤其是对长石类矿物同方位交代是否适用，还有疑问，需要探索和论证。

一些学者认为，当矿物（称客晶）发生交代生长时，会产生一种额外的压力（excess pressure）（Ostapenko，1976），称为诱发应力（induced stress）（Carmichael，1986）或结晶力（force of crystallization）（Maliva and Siever，1988）或者生长驱动应力（growth-driven stress）（Merino et al.，1998）。这种力作用于邻旁的旧矿物，使旧矿物在受力处发生局部溶解。

Merino 等（1998）指出，在刚性岩石中，交代生长的新矿物对被交代的旧矿物的生长驱动应力，在促使被交代矿物发生适度溶解时，会立即产生两个效应：一是增加被交代的旧矿物的溶解度和压溶速度；二是降低交代生长的新矿物本身的生长速度（由于新矿物溶解度增加而使其过饱和度降低）。这两个效应，使新矿物的体积生长速度和旧矿物的溶解速度自动调节到相等。于是，旧矿物溶解的体积等同于新矿物晶出的体积。

他甚至强调，如果交代生长新矿物的生长驱动应力足够大的话，原则上，可以交代相邻的任何旧矿物（Merino and Dewers，1998）。

2.2.1　矿物被异方位交代有难易之分

据作者观察，在通常情况下，花岗岩中各种不同矿物以溶解–沉淀机理进行异方位交代生长时，并非任何矿物都可以被交代的。有些矿物容易被交代，有些矿物不易或较难被交代，有些矿物则很难（或不）被交代。矿物被交代的容易、不易和很难，可以归纳为表7。

表 7　异方位交代生长矿物与易被其交代和难被其交代的矿物

交代生长矿物	易被交代的矿物	不易被交代的矿物	很难（或不）被交代的矿物
钠长石，石英	钾长石，方解石	条纹钠长石	整块斜长石，石英，黑云母
绿柱石	钾长石	条纹钠长石	整块斜长石，石英，黑云母
钾长石	斜长石（钠长石）	钾长石	石英，黑云母、角闪石、辉石
	钾长石	斜长石（钠长石）	
白云母	钾长石，黑云母	斜长石	石英
绢云母	斜长石	钾长石	石英
方解石	石英，钾长石	条纹钠长石	整块斜长石，黑云母

最常见的矿物交代是钠长石化、钾长石化和石英化，还有白云母化（包括斜长石中的绢云母化）。

就作者所见的花岗岩中的许多交代现象中，最容易被交代（最先被交代）的矿物是钾长石，几乎所有的交代作用，例如钠长石化、钾长石化、石英化、白云母化、绿柱石化等，首先被触动、遭溶解、被交代的矿物往往都是钾长石。在钾长石被交代的同时，钾长石中的一些细小的条纹钠长石也可以被交代掉。而石英和整块斜长石（包括钠长石），以及黑云母（绿泥石）都难以或不被交代而得以保存下来。

在钠交代岩演化的较早期，原生石英被方解石交代（图58、图59），直到彻底被方解石替代（图61）；在钠交代岩的后来演化过程中，又出现方解石被新生石英交代（图52）的现象。许多研究人员做过实验，方解石和石英的溶解度，随 pH 不同而恰好呈相反的变化。从图88可以看出，当溶液（无论淡水还是海水）越偏碱性，石英的溶解度越高，而方解石溶解度很低；而当溶液偏酸性，方解石的溶解度明显升高，石英的溶解度则降得很低。推测在温度升高，压力加大的热液条件下，会有总体上一致的变化趋势。于是可以解释，在碱性条件下，出现方解石交代石英。而在酸性条件下，反过来，出现石英交代方解石。

在一般异方位交代作用下，首先被交代的是钾长石，说明在当时的热液条件下，钾长石溶解度比其他矿物高。但是后来，就在原来的位置上，反而出现斜长石被钾长石交代的现象，这表明后来热液发生过显著变化，使这两种长石的溶解度发生了逆转。什么环境，什么条件，会使上述矿物的溶解度发生明显的变化，从相对容易溶解变为相对容易沉淀晶出，从而从被交代矿物变为交代矿物，这正是今后需要探究的问题。还有，同样都是钾长石，为什么老的会溶解，新的会沉淀，老的会被新的逐渐交代。我们的少数分析资料表明，新钾长石含氧化钠仅比老钾长石的稍高而已，这里除了溶解度以外，还会有什么条件制约着呢？都还是不明白、不清楚的问题。

2.2.2　异方位交代生长的矿物需要有结晶生长基础或结晶中心

对异方位交代类型而言，交代矿物的结晶方位必定与被交代矿物的结晶方位不同。交代矿物的生长，不仅需要两矿物交界面的一侧有可以被交代的矿物，同时还需要另一侧存在有交代矿物的同类矿物，可以作为交代矿物的结晶生长的基础，即结晶核心，交代矿物才得以顺利生长。否则，异方位交代便难以发生。

在花岗岩类岩石中，交代生长的矿物种类几乎就是主要造岩矿物几种，如钠长石化、钾长石化、白云母化、黑鳞云母化、石英化和绿柱石化等。交代矿物的同类矿物在岩石中是广泛存在的。所以这一条件容易满足。

不过，有的交代矿物，如方解石，在花岗岩中没有其同类矿物存在。没有交代矿物的结晶生长基础，按说难以发生交代生长。然而方解石化确实可以发生，它首先交代石英，进一步还能交代钾长石。这又如何合理解释呢？作为一种推测，可能是位于粒间的细微杂质起到了晶核基础作用。一旦以杂质作为晶核，形成雏晶，交代矿物便可以继续生长了。碎裂花岗岩中的黄铁矿化，斜长石中的绢云母化，可能也是以细微杂质作为晶核而形成的。细微杂质起晶核作用或许只对岩石中需要发生某种交代作用，却没有其同类矿物存在时才有用。对岩石中普遍存在有其同类矿物的，就没有意义了。当发生该矿物交代生长时，必定以其同类矿物作为其结晶生长基础，而不会以杂质作为其交代生长基础。这或许是因为同类矿物远比杂质容易成为成核中心的缘故。

2.2.3　对异方位交代钠长石化的理解

溶解-沉淀的过程，以钠长石化为例，可作如下理解：

当钠质气液进入到一颗钾长石和另一颗（不同方位）斜长石的交界面时，钠长石蚕食交代从钠长石生长开始。因斜长石稳定而钾长石不稳定，斜长石可作为钠长石交代生长的结晶中心，钠长石交代生长便单向地朝钾长石一方进行，于是在斜长石靠钾长石的边缘，生长出新生的钠长石。这新生的钠长石往往形成薄薄的一层"净边"。

当钠质气液渗入到甲乙两颗不同方位的钾长石的交界面时，这两颗钾长石都是易被交代的矿物，同时也都可以作为钠长石交代生长的结晶中心。于是，钠质气液既可按钾长石乙的方位向钾长石甲交代生长出钠长石，逐步溶解钾长石甲，也可按钾长石甲的方位向钾长石乙交代生长出钠长石，逐步溶解钾长石乙。就某一点或一小面来说，究竟往哪个钾长石方向生长钠长石，似乎要根据：①在哪颗钾长石上生长钠长石更容易（或者说看钠长石的哪个结晶方位的结晶力更强）；②溶解哪颗钾长石结晶格架所需的能量较少。不过，这些我们都无法判断。然而钠长石生长的长度（或宽度），却是可以观察丈量的。据作者广泛的观察，异方位交代钾长石而生长的钠长石，沿钠长石的（010）面方向，即 a 轴、c 轴方向容易生长，能长得较大（尤其 a 轴方向），而沿 $\perp$ (010) 方向，即 b 轴方向，长得较小，比较不易生长，这恰好印证（符合）Merino 等（1998），Maliva 和 Siever（1988），Carmechael（1986）关于交代矿物的生长驱动应力促使被交代矿物适度溶解的说法。鉴于此，是否可以认为，交代矿物生长的大小与交代矿物的生长驱动应力大小之间有对应关系，而与被交代矿物溶解所需的能量大小似乎没有明显关系。

这也说明，交代生长钠长石的结晶生长习性也与岩浆结晶成因的斜长石结晶习性相似，往往趋向于形成沿∥(010) 较之沿 $\perp$ (010) 更为发育的，即沿 a 轴、c 轴生长的板柱状晶体。当然，由于是在固体状态下交代生长，其外形必然是不规则的、无定形的。

气液通过矿物颗粒之间的交界面可称为交代活动面（metasomatic active front）（戎嘉树，1982；Rong，2009）。一旦新生钠长石贴附到一侧钾长石格架上，由于它们的结晶方位一致，这里间隙便不复存在。间隙向前自动转移到新生钠长石与被交代钾长石一侧之间。新生钠长石与被交代钾长石的格架方位始终不会一致，两者交界面上总有空隙存在。因此，在交代作用进行过程中，交代活动面始终不断地向被交代的钾长石一方推进。遇到钾长石中的条纹钠长石，有可能交代掉一部分，交代不动的就留在原地，成为残留体。由于交代活动面的前后两侧，始终为固体状态，所以残留体无论多么细小也不可能改变方位。交代活动面行进的全部范围，即为交代生长的钠长石所占据。向一侧钾长石交代的相邻两个交代活动面在行进过程中侧向可以合并，合并之后，又可继续向前交代生长。向另一侧钾长石交代的也是如此。这样，就形成所谓"双层围边交代生长"或两排"对错交代生长"的钠长石（图89）。

当钠质气液进入到石英和钾长石之间，钾长石虽然可以被钠质气液所交代，但钠长石无法贴靠在石英上生长；尽管钠长石可以贴附在钾长石上生长，但石英难（或不）被钠质气液所交代，于是这里就不发生钠长石的交代生长。同理，当钠质气液进入到斜长石和石英，黑云母和石英，不同方位的斜长石颗粒之间，或者缺乏容易被交代的矿物，或者缺乏同类矿物作为贴靠生长的基础，或者这两个条件都欠缺，于是都不发生钠长石交代生长。

　　钠长石净边可出现在位于钾长石晶体中所包裹的孤立的小颗粒斜长石的边缘。表明气液曾经进入到这里。钠质气液是如何到达这里的呢? 不得不推测钠质气液可以沿钾长石解理运移。但却不见有新生钠长石沿钾长石解理交代生长。这又是什么缘故呢? 作者不能做出合理的解释。作为一般性的推测,或许由于解理两侧晶胞排列整齐,要推开(溶解)它,较之晶胞排列不整齐的,需花的能量大很多,故而沿解理难以发生交代。

　　异方位交代生长时,都是以同类矿物作为其结晶中心(结晶生长的基础)。岩石中有足够多的矿物可以作为交代矿物结晶生长的基础,而无需另找杂质作为其结晶中心。如果原岩中没有它们的同类或相似矿物存在,如方解石(碳酸盐),黄铁矿,或者即使岩石中存在有其同类矿物,但不在要发生异方位交代生长的近旁(如斜长石内部发生绢云母化,白云母化),如果确实要发生某矿物的交代生长,那么,就需要看有无杂质可以作为其结晶生长的基础。一旦以杂质作为结晶生长基础,就可以发生交代生长了。

2.3　离子交换(或离子层替换)机理

　　离子交换或离子层替换机理适用于层状矿物同方位交代类型,尤其是层状矿物的交代,例如黑云母 $K(Mg,Fe)_3[AlSi_3O_{10}](OH,F)_2$ 出现白云母 $KAl_2[AlSi_3O_{10}](OH,F)_2$ 化和/或绿泥石 $(Mg,Al,Fe)_3[(Si,Al)_2O_5](OH)_4$ 化。

　　黑云母属三八面体型,白云母属二八面体型。白云母和黑云母的结构近似,黑云母中的 (Fe^{2+},Mg^{2+}) 离子被 Al^{3+} 离子替换,黑云母便可转变为白云母(图63、图64)。

　　绿泥石与黑云母的结构不同,但有近似之处。黑云母经蚀变很容易变为绿泥石(图65)。近二十多年来,不少研究学者对于黑云母转化为绿泥石的过程进行了研究。据高精度(原子分辨率)透射电镜图像观察分析,黑云母转变为绿泥石的机理,可以分为两种(图88):

　　机理1:以一层似水镁石层 $[Mg(OH)_2]$ 顶替黑云母中的一个钾内层(K)。需要引入外来物质,使体积有所膨胀;

　　机理2:以一层似水镁石层替代黑云母的两个钾内层(K)和两个四面体层 $[(Si,Al)O_4]$。需要排除一些物质,使体积有所收缩。机理1是少数,占15%,可使体积(沿 c 轴方向)有所膨胀;机理2是多数,占85%,使体积有所收缩。

　　结果,总的体积尚可维持一致(Veblen and Ferry, 1983; Banes and Amourc, 1984; Kogure and Banfield, 2000)。

　　根据我们对甘肃芨岭花岗岩的黑云母发生绿泥石化电子探针测定成分结果(表5),就此例子而论,绿泥石化时,顶替钾内层的,并非单只是似水镁石 $Mg(OH)_2$,显然还有氢氧化亚铁 $Fe(OH)_2$ 的参与。是这两者一起顶替了钾内层,使黑云母转化为绿泥石,绿泥石化后,Mg 和 Fe 都明显增加了(MgO 从 8.23% 增至 12.69%,$\sum FeO$ 从 22.1% 增至 27.58%)。

　　以离子交换机理进行交代后所形成的客晶矿物,自然不改变主晶的方位。交代彻底时，可形成主晶的假象。

2.4　长石矿物的同方位交代

通常说到斜长石发生钠长石化，一般都是指斜长石本身转化为钠长石，即斜长石被同方位钠长石化。而说到钾长石遭遇钠长石化，那一般是指钾长石局部地被异方位钠长石交代。当然，斜长石，尤其是细小的条纹钠长石，也可以部分地被异方位钠长石化所交代。钾长石也有被同方位钠长石化交代的，例如出现在遭受强烈钠长石化的钠交代岩中。

总之，长石矿物的同方位交代，就作者所遇到的，都只是斜长石的或钾长石的同方位钠长石化。那么，有没有斜长石（包括钠长石）被钾长石同方位交代的呢？作者认为，它们形成同方位连晶、形成同方位包裹晶、半包裹晶的情况是经常有的，然而作者还没有见到斜长石或钠长石被同方位钾长石交代的实际例子[①]。

2.4.1　斜长石同方位钠长石化

斜长石稍经热液作用便容易发生蚀变。号码低的，如更长石、酸性中长石常变得浑浊，并常产生绢云母化；号码较高的，如基性中长石、拉长石，则发生钠长黝帘石化，产生细小绿帘石、黝帘石晶粒，而整个斜长石则转变为钠长石。

2.4.2　钾长石同方位钠长石化

钾长石同方位钠长石化，一般是难以发生的，即使在有过相当强烈钠交代作用（指异方位钠长石交代作用）形成的钠交代岩中，钾长石也未必发生同方位的钠长石化，如在华南一带花岗岩中一般发育的钠交代岩，通常钾长石仍保持不变。只有少数钠交代强烈地段，可见钾长石也彻底转变为钠长石。但在华北地区一些花岗岩类发育地段，晚期钠交代作用非常强烈，所形成的钠交代岩中，往往在钾长石相中，似乎以云雾状水针铁矿化为先导，开始发生同方位钠长石化（图 70），然后迅速扩展，使整个钾长石彻底转变为钠长石。

[①]　关于"斜长石的同方位钾长石化"，近来有研究者提到过（如 Collins，1998，2002；Putnis et al.，2007）。拉宝特卡（Labotka et al.，2004）还做了人工实验，她将 Amelia 钠长石碎晶（50～200μm）置于富 ^{18}O 的 1～2mol/L 的 KCl 溶液中，在 600℃，2kPa 条件下，6 天便形成宽 5～20μm 的钾长石外缘。后者强烈富 ^{18}O。钠长石（内核）与钾长石（外缘）的界线截然，外缘钾长石中有众多微孔。她推测此变成的钾长石外缘与原钠长石的结晶方位一致。但是否一致作者尚有疑问。

2.5　同方位交代长石中出现显微空洞（微孔）

近三十余年来，许多研究者（Montgomery and Brace，1975；Dengler，1976；Dengler，1976；Que and Allen，1996；Engvik et al.，2008；王志华等，2009）采用电子显微镜、扫描电镜、高分辨率的透射电镜等技术，观察蚀变浑浊的绢云母化的斜长石，尤其是其内核发现有许多细小的显微空洞（微孔）出现（图91A），细小的白云母（绢云母）就生长在这些空洞中。空洞周围的斜长石号码降低，变为钠长石。而斜长石保持原来号码的比较干净的部分（多为外缘，也有内部）则缺乏微孔，无绢云母化。这说明众多微孔的出现可能是使斜长石容易发生蚀变，发生绢云母化，本身转变为钠长石的关键因素之一。

斜长石发生同方位钠长石化形成的钠长石与未蚀变的斜长石的过渡部位十分狭窄，仅40nm（Engvik et al.，2008；Hövelmann and Putnis，2010），不显示渐变，应属于突变（图91B）。在未变的斜长石中，也有微孔，但稀少得多。

微孔呈不规则圆形、椭圆形、槽形等（图92）。在任何切面上，微孔都是点状分布的，未见有微孔呈细长管状的。微孔的直径仅为几个纳米（nm）到十几微米（μm）（Worden et al.，1990）。一般认为，微孔互相（曾经）可以沟通、连接，使热液得以渗入到有微孔分布的部位。

在斜长石中，微孔的分布，多出现在斜长石的浑浊、糟化、绢云母化的部位（常位于内部或核部）。而斜长石的无浑浊、无绢云母化部位，则缺乏微孔。

在碱性长石中，微孔出现在显微条纹钠长石的边缘，呈成对分布（Lee et al.，1995）（图93）。在条纹钠长石的粗化部位，显微孔洞出现较多，微孔所占长石的体积可达4.5%（Worden et al.，1990）。据作者观察，微孔多出现在显微条纹钠长石密集分布的附近（图94），而不沿（001）解理分布，显示与（001）解理无关。钾长石不均匀泥化的泥化较强部位，微孔明显增多，似乎泥化与微孔发育有关（图95）。

Putnis 等（2007）研究斜长石被钾长石交代而形成的新生钾长石中常含有很多微孔，微晶赤铁矿便生长在其中（图96），所以显示红化。

然而在钾长石中，即使含微孔也不少，却几乎不发生绢云母化。一般也不发生同方位的钠长石化。

关于长石中微孔的成因，有认为是原生成因的（Roedder and Coombs，1967；Montgomery and Brace，1975），有认为是后生成因的（Parsons，1978；Smith and Brown，1988），也有认为两者都有的（Que and Allen，1996）。

对于后生成因，一种认为是由于半共格显微条纹长石（semicoherent microperthite）富钾的和富钠的两个相之间的共格弹性应力能（coherent elastic strain energy）的释放所引起，表现在显微条纹钠长石两侧出现成对的微孔（Brown and Parsons，1993），而在共格的隐条纹长石（coherent cryptoperthite）边部，则无微孔出现。

另一种观点认为，当含钠的热液沿显微裂隙渗入老的长石晶体中，在其内部以溶解-

沉淀（结晶）机理进行交代，老的长石局部发生溶解，新的长石随即结晶。老的长石溶解掉多少体积，新的长石便应该结晶出多少体积。但是，据推测，由于新结晶生成矿物的摩尔体积略小于被溶解老矿物的摩尔体积，于是在新生长石中出现了空洞（Worden et al.，1990；Lee and Parsons，1997；Que et al.，1997；Putnis et al.，2007；Putnis，2009；Hövelmann et al.，2010）。至于当时存在的显微裂隙，认为后来都因被愈合而消失，只剩下线状分布的流体包体了。

长石发生同方位交代，其交代机理还没有彻底查明。目前有两种假设或说法。

1. 离子交换机理

认为在硅铝酸盐结晶格架不变的情况下，金属阳离子的替换，使斜长石或钾长石发生同方位钠长石化。

对于斜长石的同方位钠长石化，认为斜长石结晶格架中的 Ca^{2+}、Al^{3+}，被 Na^+、Si^{4+} 代换造成。对于钾长石同方位钠长石化，认为钾长石结晶格架中的 K^+ 被 Na^+ 替换所致。然而持怀疑或反对意见的认为，变与不变的界线十分狭窄，对斜长石钠长石化来说，仅 40nm 而已。对钾长石同方位钠长石化来说，虽未精确丈量，变化也相当急速。

2. 溶解－沉淀机理

溶解－沉淀（再沉淀、再结晶）机理，Putnis 等（2007）称之为"interface coupled dissolution-precipitation"（界面两侧溶解－沉淀）机理。这与异方位交代的溶解－沉淀机理的不同之处在于，热液通过显微裂隙或解理进入到矿物晶体内部的微孔中进行交代。正因为是在矿物内部进行，所以随着老矿物的溶解移去，较稳定的新矿物便还是以老矿物的结晶方位生长，从而形成结晶方位与被交代的老矿物相一致的新矿物。

对于斜长石同方位钠长石化，由于跟微孔发育关系紧密，凡是微孔发育者，同方位钠长石化也必定明显、强烈。

但对钾长石而言，情况比较扑朔迷离。钾长石的同方位钠长石化，一不沿解理发育，二避开条纹钠长石，而是在钾长石相中伴随云雾状水针铁矿形成同方位钠长石，然后逐渐扩大，直至波及整个钾长石。而钾长石中微孔发育状况和规律还不很清楚。有的资料表明微孔沿条纹钠长石边界成对分布（图 93）（Lee et al.，1995），作者的资料却显示微孔在显微条纹钠长石密集发育部位和强泥化部位的钾长石中出现较多（图 94）。还没有对未发生同方位钠长石化的钾长石与发生有同方位钠长石化的钾长石的微细结构、微孔发育状况做仔细的对比研究，目前对其形成机理的了解还很欠缺。

2.6　两种交代类型的关系

这两种类型的交代作用互相之间是什么关系或有什么联系呢？

异方位交代作用出现在矿物颗粒之间的交界处，而同方位交代出现在矿物的内部。显然外来的热液流体先沿颗粒边界运行，之后再渗入到矿物内部。于是很容易令人设想，先发生异方位交代，后出现同方位交代。或者也可以设想，异方位交代和同方位交代，随着交代作用的进行，或许为先后发生，接着同时一起进行。

有哪些种类的矿物，既可以有异方位交代，又可以有同方位交代的呢？据作者所遇到的，可以举出黑云母的白云母化，钾长石的钠长石化和斜长石的钠长石化[①]三种。

2.6.1　黑云母的白云母化

白云母同方位交代黑云母，有时可以遇到（图63、图64）。白云母以异方位交代黑云母，有时也略有见及（图43、图44）。但两者在一起相遇的机会本来就很少，两者相遇，且又能查明它们先后关系的机会，作者尚未遇到。

2.6.2　钾长石的钠长石化

钾长石的钠长石化，可以分异方位交代和同方位交代两类，可以在同一个岩石中遇到，它们关系是怎样的呢？

我们知道，钾长石的异方位交代钠长石化，形成很早，是在花岗岩浆刚刚结晶固结形成岩石后（可能是每一期次岩体形成后），尚未发生破裂形变时就发生的（略晚于蠕英石化），是在岩浆后期作用（deuteric）或自交代作用（autometasomatism）或岩浆期后（post-magmatic）时期形成的，遍及整个岩体，是整体型的。而钾长石的同方位交代钠长石化，是在多期复式岩体形成之后，在岩体的局部地段，在初步发生破裂变形（至少发生了微碎裂）地段，在有很强烈热液活动的情况下发生的，其形成时间比岩浆期后作用晚得多。

异方位交代钠长石化，在早期就有广泛出现。但钾长石同方位交代钠长石化，只是晚期在局部地段才出现的，尚未见到有在早期出现的例子。在钾长石同方位钠长石化之后，还可以发生异方位交代钠长石化。

钾长石遭受异方位钠长石化的强烈程度，大致可以以交代生长的新生钠长石的大小来衡量。通常大小为$<0.1 \sim 0.2mm$。极少数交代强烈的，能达到$0.5 \sim 1mm$，如广东台山那琴浅色花岗岩（图8、图97、图98）。

然而即使在那琴浅色花岗岩这样强烈发育异方位钠长石化的岩体中，也没有看到有钾长石的同方位钠长石化相伴生。这就是说，即使钾长石的异方位钠长石化很发育，也没有引起或没有促使钾长石的同方位钠长石化的发生。

反过来，在经受过强烈钠交代的钠交代岩（位于甘肃芨岭花岗岩）中，钾长石的同方位钠长石化非常强烈，使大部分钾长石、甚至全部钾长石（占全岩30%～45%）都改造转化成为同方位的棋盘状钠长石了，但原来斜长石旁的净边钠长石的宽度还是照旧

---

①　这里没有提及斜长石的钾长石化，也没有提及钾长石的钾长石化。原因是作者没有确切地观察到斜长石和钾长石分别有同方位的钾长石化。

（<0.1mm），不显增宽（图 99、图 100），对错交代钠长石的宽度也大致相似（0.1~
0.2mm）（图 101，102）。这说明，后来发生的相当强烈的钾长石同方位钠长石化并没有
使岩石中的异方位钠长石化得到显著增强。

这就是说，就钾长石被钠长石化来说，异方位钠长石化相当强烈的（使全岩产生约
5%~15%的新生钠长石），并没有促使其同方位钠长石化发生或出现；而同方位钠长石
化即使非常强烈的（使全岩产生达 30%~45%的新生钠长石），也没有促使其异方位钠
长石化明显增强。这使我们不能不承认，出现在同一种岩石中的这两种类型的钠长石
化，尽管都是由含钠质的热液所引起，而且都是针对钾长石进行的交代，都笼统地称之为
钾长石发生了钠长石化，然而这两种钠长石化不仅是先后分别发生、分别进行的，而且它
们之间并无连续或过渡转化关系，它们是互不相关的两种作用。这不能不使人觉得它们的
发生条件和形成环境，或许是很不一样的。区分它们，不混为一谈，显然是合理的和有必
要的。

2.6.3　斜长石的钠长石化

对于斜长石被钠长石化来说，当早期异方位钠长石化发生时，能被部分交代或局部少
量被交代的，常是位于钾长石中的细小的条纹钠长石而已，而整块状的自形半自形的斜长
石晶体一般不受触动，可以保持完整，甚至新鲜完好（原生的环带结构仍保存）。净边钠
长石可以出现在新鲜（无绢云母化）斜长石的边部（图 3），正说明异方位钠长石化发生
时，斜长石的同方位钠长石化并没有发生[①]。

等间隔一段时间之后，由于遭受后来的蚀变（无论是热液作用或浅近地表的热水作
用），斜长石才部分或全部发生浑浊化、绢云母化、水云母化，本身斜长石号码降低，直
至转化为钠长石，即发生斜长石的同方位钠长石化。斜长石遭受蚀变，发生同方位钠长石
化，即使十分强烈，只是使斜长石本身彻底转化为钠长石，原来岩石中已形成的净边钠长
石或粒间钠长石的宽度还是和原来一样，没有增长。但它们也可发生一些蚀变，出现绢云
母化（图 153、图 154）。表明斜长石强烈同方位钠长石化对异方位钠长石化不起促进作
用，不会使异方位钠长石化有所增强。

这说明斜长石的异方位钠长石化和同方位的钠长石化，虽然存在于同一岩石中，但它
们是分别发生、分别进行的，互相并不关联，没有连续性或过渡性。它们的形成条件和环
境可能是很不一样的。

尽管我们对确切的交代机理，尤其是同方位交代机理的了解还远远不够，但把遇到的
交代现象划分为（或者区分出）异方位交代和同方位交代两种类型，把这两类交代现象分
别对待和叙述，不把它们混淆在一起，显然是很有必要的。

异方位交代显然是遵循溶解–沉淀交代机理进行的。同方位交代，对层状硅酸盐来说，

---

① 由于十分新鲜的岩石样品不易找到，斜长石又很容易遭受蚀变，所以一般花岗岩中的斜长石多少都有些同方
位钠长石化绢云母化。后者并非与异方位钠长石同时发生，而是后来才出现的。

按离子交换机理进行；但对架状硅酸盐（尤其是斜长石以及钾长石的同方位钠长石化）来说，是按照离子交换机理还是遵循溶解–沉淀机理进行？同样是钠长石化，为什么有的按异方位交代，有的按同方位交代？按异方位交代时，同方位的不发生交代，而按同方位交代时，异方位交代又没有得到增强，是什么缘故？异方位交代和同方位交代的形成条件和环境究竟有什么样的不同？这些都是不清楚、不了解的，需要今后加以研究。

第 3 章　应用这两种交代类型探讨花岗岩矿物结构成因

3.1　细小叶片状钠长石成因

Li-F 花岗岩为多期多阶段侵入的花岗岩基的最晚阶段形成的超酸性、富碱、过铝、体积较小的花岗岩体，常富含 Li、F、Rb、Cs、Nb、Ta、W、Sn、Be 等稀有元素，烧绿石、细晶石、铌铁矿、钽铁矿等细小矿物主要分散分布在含细小叶片状钠长石的富 Li-F 的钠长石花岗岩中，故称它为稀有元素矿化花岗岩。典型的 Li-F 花岗岩常具垂向分带，自下而上分为：二云母花岗岩→白云母花岗岩或浅色花岗岩→黄玉–锂云母（或铁锂云母）花岗岩→钠长石花岗岩→云英岩→钾长石伟晶岩壳和石英壳（朱金初等，2002）。自下而上，钠质斜长石逐渐变为钠长石，且含量增加，富集在浅部相和顶部相中，而钾长石和石英的含量则向上减少；云母从锂黑云母→黑鳞云母或二云母→白云母或锂云母；粒度从中粒→中细粒→细粒。

钠长石花岗岩中细小叶片状、长条状、板状的钠长石，属于接近钠长石端元的纯净钠长石，为有序度高的低温钠长石（王联魁和黄智龙，2000）。它们往往杂乱分布在石英、钾长石之中或边部（图 103、图 107、图 108），局部也有聚集成堆分布，形成锂云母钠长石岩（图 104）。它们也有略显环状的和环带状分布于石英之中，似乎沿石英的六方双锥短柱聚形晶的晶面成同心环状排列（图 105），构成特征的"雪球"（Snowball）构造或称"涡状"构造。这种杂乱至环状包裹也可表现在较大颗粒的钾长石晶体之中。钠长石小晶粒也有被较大黄玉晶体包裹的（图 106）。这种花岗岩的结构确实与普通花岗岩的结构有很大不同。

3.1.1　交代成因假说

对于这些小叶片状钠长石的成因，在 19 世纪 60 ~ 70 年代，常被认为属交代成因。

Masgutov（Масгутов）（1960）提出花岗岩中的钠长石化可分为三种类型：第一种是以"杂乱无章"（Беспорядочно）的交代方式形成的钠长石化；第二种是斜长石的去钙长石化（deanorthitization）转变为钠长石；第三种是钾长石中出现条纹钠长石化。他把小叶片状钠长石归为他的第一种"杂乱无章"交代成因。

Beus 等在他们的"Апограниты"（Apogranites，变花岗岩）书（1962）中列出一组显微照片，认为叶片状钠长石被石英夹裹，可以从较小石英杂乱夹裹、变为稍大石英略呈环状夹裹，再变成为较大石英中呈环状分布的系列变化。认为这些细小钠长石，无论是杂乱分布的，还是有些呈环状分布的，都属于热液交代成因，甚至认为包裹细小钠长石的较大石英（以及钾长石）颗粒也是交代成因的变斑晶。认为是石英变晶（以及钾长石变晶）在交代成长过程中把交代成因的细小钠长石夹裹进来，以致排成环状。

正是基于认为叶片状钠长石属于热液交代成因，许多研究者认为具这种特殊结构的花岗岩是岩浆期后热液对已固结了的花岗岩进行交代而成，认为交代作用使云母和长石中的稀有元素析出，向上渗透，沉淀下来而富集成矿（Masgutov，1960；Beus et al.，1962；Aubert et al.，1964；Burnol，1974；胡受奚，1975，1980；王德孚，1975；洪文兴，1975；Stemprok，1979；Imeopkaria，1980；袁忠信等，1987；王忠刚等，1989；夏宏远，1991）。

3.1.2　岩浆成因假说

另外一些研究者则认为这种花岗岩是岩浆成因的，叶片状钠长石为岩浆最早结晶的原生矿物，故可被原生石英和原生钾长石杂乱包裹，在条件稳定时，可被石英和钾长石成环状包裹（王联魁等，1970；Kovalenko et al.，1971；刘义茂等，1975；Eadington，1978；戎嘉树，1982；杜少华和黄蕴慧，1984；Raimbault，1984；章锦统和夏卫华，1985；Cuney，1985；夏卫华等，1989；Taylor，1992；朱金初等，1992；刘昌实，1993；王德滋等，1994；朱金初等，2002；Li et al.，2004）。因而稀有金属矿化主要属于岩浆结晶分异成因。

为什么小叶片状钠长石是交代成因的呢？交代学派没有提出有说服力的依据。或许是由于这些小叶片状钠长石数量如此之多、分布又是如此凌乱，是一般花岗岩中通常所看不到的，便猜想它们不会是岩浆成因，而是交代成因的了。

作者觉得，小叶片状钠长石在 Li-F 花岗岩中的出现，是否应归结为热液交代成因，很值得怀疑。这些小叶片状钠长石长在石英和钾长石之中或者边部，其方位与石英和钾长石都不同，如果真的是以交代石英（以及钾长石）而成，自当属于异方位钠长石化交代类型。

如果我们接受按异方位交代准则，异方位钠长石化是有规律地，而不是杂乱无章地进行的，如图2、图3、图4、图8所展示的那样，那么我们就应该承认，钠长石主要是应该向钾长石交代生长，而不会向石英交代生长。于是以下一些重要现象，有利于查明这些细小叶片状钠长石以及石英和钾长石的成因：

（1）叶片状钠长石为自形、半自形。

（2）异方位钠长石化不会交代石英，据此可以判断，与石英搭界的和在石英之中的叶片状钠长石都不会是交代成因，只能是岩浆成因的被石英所搭界或包裹。异方位钠长石化倒是可以交代钾长石的，然而叶片状钠长石在钾长石中与在石英中的大小、形态和分布状况很类似（图107、图108），并不显示更大或更宽。因此，在钾长石中的叶片状钠长石同样也应该是被钾长石包裹，而不属于交代成因。

（3）经过多处仔细观察，在不同方位钾长石颗粒交界处并无明显属于对错交代的钠长石出现。交界处所分布的叶片状钠长石基本都不属于对错交代成因（图108）。这也从一个侧面反映异方位钠长石化并不发育。

（4）细小叶片状钠长石被较小颗粒石英杂乱包裹，有时可呈同心环状被较大颗粒石英（以及钾长石）包裹，为岩浆岩中常见的结构，尤其同心环状包裹（例如自形黑云母，以及角闪石中同心环状包裹磷灰石、锆石等副矿物晶体）。假如石英或钾长石为斑状变晶，属于交代成因，那就难以解释怎么能改变交代不掉的矿物方位，使它们成环状排列呢？

作者认为，根据以上四点，至少应该判断，该 Li-F 花岗岩中异方位交代钠长石化并不发育。众多杂乱分布的叶片状钠长石以及呈环状被石英（和钾长石）包裹的细小叶片状钠长石不是交代成因，应属原生成因，即使有交代生长成因的钠长石在钾长石中存在，恐怕为数很少。石英或钾长石大晶体包裹细小钠长石晶体，尤其是呈同心环状包裹，应是岩浆成因的正斑晶，而不是交代成因的变斑晶。

喷出成因的翁岗岩（Ongonite）（富黄玉的花岗斑岩，石英角斑岩，为稀有金属 Li-F 花岗岩的次火山岩相）的发现（Kovalenko et al.，1971）和实验岩石学（Burnham et al.，1971，1974）以及熔融包裹体（夏卫华等，1989）资料也都表明，从富含 Li、F 的花岗岩浆降温过程中，钠长石为最先晶出的主要造岩矿物，当其成核密度很大时，可以形成这种特殊成分和结构的 Li-F 钠长石花岗岩。Li-F 花岗岩的垂向分带现象甚至被解释为 Li-F 花岗岩浆发生了不混溶为主的液态分离作用参与所造成的（Wang et al.，1998；王联魁和黄智龙，2000）。

3.2　蠕英石的成因

蠕英石（myrmekite），又译为蠕状石，由 Michel-Levy（1874）首次发现，Sederholm（1897）命名为 myrmekite，是指含有蠕虫状石英的斜长石（常为奥长石），多见于花岗岩类岩石（偏中酸性的而不是酸性偏碱的深成岩）和类似成分的片麻岩中。蠕英石常呈裙边状、扇状镶在斜长石和钾长石的边界上，或成瘤状、菜花状产于钾长石边部，甚至内部。蠕英石宽度一般 0.1～0.3mm，在粗粒花岗岩和伟晶岩中可达 1mm。蠕英石可占岩石体积的 3%～5%，多时可达 20%。

Phillips（1974）按蠕英石的产状分为以下几种：

（1）边缘（rim）蠕英石，产于斜长石边缘（靠另一颗钾长石）（图 109、图 110）。

（2）粒间（intergranular）蠕英石，产在两颗钾长石之间。

（3）瘤状或扇状（wartlike）蠕英石，产于钾长石边缘（图 111）。

（4）内包（enclosed）蠕英石，产在钾长石内（图 117）等。

含蠕状石英的斜长石（蠕英石斜长石）与其旁（贴靠的）原生斜长石具有同样的结晶方位，双晶结合面可以连通，而与旁侧钾长石的结晶方位必定不一致。蠕英石中的蠕虫状石英则可以有一组或几组结晶方位。

蠕英石中的石英有各种形态，如乳滴状、蠕虫状、曲棍状、棒状等，其长方向常大体指向蠕英石的周边。若按蠕虫状石英的断面（圆形或椭圆形）的粗（>0.015mm）细（<0.005mm）差异，大致可分蠕英石为粗蠕英石、中蠕英石和细蠕英石（图 111）。一般

说，蠕状石英条细者，条数多，石英含量低，蠕英石斜长石号码低；石英条粗者，条数少，石英含量高，蠕英石斜长石号码高。蠕虫状石英的粗细，在有的岩体中比较均匀一致，没有明显变化；在另一些岩体中则有粗细变化。出现有粗细变化时，粗的靠近斜长石，细的靠近钾长石，这反映粗的形成较早，细的形成较晚。也有分别存在的（图111）。蠕英石斜长石的号码总比原生斜长石为低，最高一般不超过其旁斜长石边部的号码。

3.2.1　蠕英石成因假说

对蠕英石的成因曾有过多种假说。比较有影响的有以下几种。

3.2.1.1　钾长石交代斜长石

Drescher-Kaden（1948）认为是富钾的并含一定量 SiO_2 的碱性溶液对斜长石交代，渗入斜长石的 SiO_2 从斜长石中结晶，与斜长石构成蠕英石。交代彻底时，斜长石可被全钾长石取代。其根据是因为某些蠕虫状石英落在钾长石中，蠕英石显然比钾长石还老。持花岗岩化论者正是把这里的钾长石认为是晚于斜长石发生钾长石化的产物。

3.2.1.2　斜长石交代钾长石

Becke（1908）认为岩浆期后含钠钙的气液使钾长石局部溶解，形成斜长石。在此转变过程中有 SiO_2 的剩余并析出。其化学方程式为：

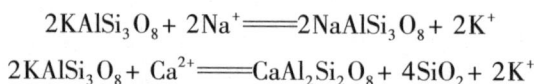

$$2KAlSi_3O_8 + 2Na^+ === 2NaAlSi_3O_8 + 2K^+$$

$$2KAlSi_3O_8 + Ca^{2+} === CaAl_2Si_2O_8 + 4SiO_2 + 2K^+$$

这表明，每形成1个钙长石分子，便可多出4分子石英，从而析出蠕虫状石英，形成蠕英石。

据 Deer 等著 "*Rock-forming Minerals*"（1963），钙长石端元组分含 SiO_2 仅为 44% ~ 46%，而一般钾长石、钠长石含 SiO_2 分别为 64% ~ 67% 和 65% ~ 68%。钙长石所含的 SiO_2 确实比钾长石、钠长石的都少。

3.2.1.3　钾长石的出溶作用

Schwantke（1909）认为，岩浆高温结晶形成的钾长石都是固溶体，组分以钾长石（$KAlSi_3O_8$）为主，其中含有钠长石（$NaAlSi_3O_8$）组分，也含有少量钙长石组分。Schwantke 假设地认为所含的钙长石组分，不是 $CaAl_2Si_2O_8$，而是富 SiO_2 的 $Ca(AlSi_3O_8)_2$，即 $CaAl_2Si_6O_{16}$，称为 Schwantke 分子。随温度下降，钾长石发生不混溶或出溶作用，钠长石和钙长石（Schwantke 分子）组分析出，每个 Schwantke 分子转成一个 $CaAl_2Si_2O_8$ 分子，并释放4个 SiO_2 分子。这些出溶物质因扩散作用被排到近旁的斜长石边界上，出溶的 $NaAlSi_3O_8$ 和 $CaAl_2Si_2O_8$ 组成斜长石，释出的 SiO_2 形成蠕虫状石英，于是构成蠕英石。钾长石颗粒大，可以形成较多、较大的蠕英石。钾长石颗粒小，则形成的蠕英石也小。

3.2.1.4　斜长石的重结晶

Collins（1988）在他的"*Hydrothermal Differentiation and Myrmekite*"（热液分异和蠕英石）一书中认为，蠕英石是由原来号码高的斜长石经热液作用丢失部分 Ca 和 Al，而保留了 Na，再经重结晶为低号码斜长石（号码一般降一半），于是有 SiO_2 的剩余，从而形成蠕英石。

3.2.1.5　多种成因或综合成因

Ashworth（1972）和 Phillips（1974）提倡多种成因或综合成因，认为蠕英石既有出溶成因的，也有交代成因的。对于高侵位的、未经形变的花岗岩中的各种蠕英石（边缘蠕英石、粒间蠕英石和内包蠕英石）应由出溶作用形成，而对于经受过形变的花岗质变质岩中发育的个体较大的扇形或瘤状蠕英石，认为是由斜长石交代钾长石而成。对于在较小钾长石晶体中出现较大的内包蠕英石，认为用出溶成因就不妥当了，宜用交代成因来解释。

3.2.2　蠕英石成因讨论

蠕英石的形态和产状可以有多种，但蠕虫状石英的体积百分含量有随蠕英石斜长石的号码增高而增加的稳定趋势（图 112）。蠕英石中蠕虫状石英越粗、含量越多，蠕英石斜长石的号码也越高。反之，蠕虫状石英越细，含量越少，蠕英石斜长石的号码也越低。蠕虫状石英的含量随蠕英石斜长石的号码增高而增加的趋势，显然不是出于偶然（诚然，测准斜长石号码还容易，但测准蠕虫状石英的体积百分含量很难，但这种趋势是存在的）。许多成因假说都要符合这一趋势，如斜长石交代钾长石说，钾长石的出溶说，斜长石的重结晶说，多种成因说或综合成因说等。

Drescher-Kaden 因为看到蠕英石中的某些蠕虫状石英落在钾长石中，像是"鬼影"（*ghost*）蠕英石（图 113、图 114），认为蠕英石显然比钾长石老。认为富钾并含硅的溶液对斜长石交代，渗入斜长石的 SiO_2 可以在斜长石中结晶出蠕虫状石英，从而形成蠕英石。当交代彻底时，斜长石可被钾长石取代。

对于这种"鬼影"蠕英石，作者认为，可以看做是先后两次交代作用叠加的结果。第一次，含钙的钠质热液异方位交代钾长石形成蠕英石。之后，热液流体发生了变化，变为含钾的。所以第二次是含钾的热液异方位交代蠕英石中的斜长石，发生了局部钾长石化。新生钾长石交代掉一部分蠕英石中的斜长石，而难以交代的蠕虫状石英得以残留下来。因此，包裹有乳滴状石英的这一小部分钾长石 K′是异方位交代成因的。第一次蠕英石交代贴靠的是与钾长石不同方位的斜长石。第二次局部钾长石化交代贴靠的是与蠕英石斜长石不同方位的钾长石。这先后两次交代都属于异方位交代。整个钾长石 K 是在蠕英石形成之前就已经存在的，是形成蠕英石的交代"对象"矿物。所以钾长石 K 很可能是原生的。蠕英石形成后，又发生局部异方位钾长石化 K′，反过来交代蠕英石斜长石。这就是说，这两次交代作用叠加，造成了"鬼影蠕英石"。作者认为这种解释符合实际。

斜长石的重结晶说遇到的困难是：

（1）蠕英石可出现在新鲜的、未经蚀变的岩石中，含蠕英石的岩石未必经受过蚀变和重结晶。

（2）通常斜长石蚀变产生绢云母化、钠长黝帘石化，不会形成蠕英石。

（3）蠕英石斜长石号码未必等于原生斜长石号码的一半，只是总体上低于原生斜长石。

（4）蠕英石具有固定的产出部位（产于斜长石与钾长石交界处）。

（5）蠕英石形态不像原生斜长石（如图110、图111、图115），只是有时有些相似。

因此，蠕英石属于斜长石因遭受蚀变而后重结晶的假说，难以符合实际。

出溶作用说，因为它无需借助外来物质的加入，很符合许多研究者的想法。他们不相信外来物质能够渗入到如此致密的岩石中来，从而支持钾长石固溶体出溶作用（或分离作用、不混溶作用）有可能成为蠕英石的成因。

钾长石中的条纹钠长石的成因，通常也被认为是由于钾长石固溶体的出溶作用所致。条纹钠长石与主晶钾长石的结晶格架方位始终是一致的，从来不出现不一致的情况。然而，需要特别强调指出的是，蠕英石斜长石的结晶方位却与钾长石的结晶方位不相一致（必定不一致），而与其贴靠的斜长石一致（加石英试板后，可以看清）。

图115、图116中均见钾长石包裹有相同方位的斜长石。在有蠕英石发育的情况下，蠕英石只出现在与钾长石方位不同的斜长石（Pl_2）边部，不出现在与主晶钾长石方位一致的斜长石（Pl_1）边部。如果说主晶钾长石的不混溶或出溶作用造成的条纹钠长石，与主晶钾长石的结晶方位都是一致的，那么同样是由于不混溶或出溶作用造成的蠕英石，为什么不出现在被主晶钾长石包裹的与主晶钾长石方位一致的斜长石边上，却出现在与主晶钾长石方位不同的斜长石边部，与主晶钾长石的结晶方位不一致呢？这是难以解释的。

原生钾长石经固溶体分离而形成蠕英石，是基于钾长石含有高硅的 Schwantke 分子的说法。然而认为钾长石含高硅的 Schwantke 分子只是假说，始终没有得到证实。此外，在较小颗粒的钾长石晶体之中有时可出现相对较大颗粒蠕英石（图117），显然难以用固溶体分离来解释。

蠕英石中不见有被交代矿物（钾长石和条纹钠长石）的交代残留体，可能是交代成因说不好解释的。蠕英石里的确一般见不到有被交代的钾长石或钾长石中条纹钠长石的包裹体。然而并不是绝对遇不到。图121就遇到了。这颗蠕英石中确实存在有条纹钠长石残留体，并且保持原来的方位。这应该最有依据地说明，这个蠕英石（贴靠在近旁的内包斜长石上的），是在固体状态下交代钾长石而成的。

作者还注意到，粒间蠕英石可以出现在未经形变的花岗岩的两颗不同方位的钾长石之间。正交偏光下加上石英试板后，可以看出，粒间蠕英石有时为一排，其方位与某一侧的钾长石一致，与另一侧的不一致。有时竟可明确地分为两排，每排的光性方位与相隔的钾长石中的条纹钠长石很相似，即结晶方位分别与相隔的钾长石一致，而与直接接触的钾长石不一致（图118~图122）。这就很有助于其成因解释了（戎嘉树，1982，1992；Rong，2002，2009）。

图 118 上下两颗钾长石 K_1 K_2 交界处出现粒间蠕英石。加石英试板后（图 118B），蠕英石分为两排，与对错交代钠长石一样。上排蠕英石斜长石的钠长石双晶结合面（010）接近垂直于下侧钾长石 K_2 的解理（001），说明上排蠕英石斜长石的结晶方位与下侧钾长石 K_2 的一致。

图 119、图 120 上的蠕英石都位于两、三个钾长石颗粒的交界处，蠕英石斜长石都与其背后钾长石的结晶方位一致，光性方位近似。蠕英石向前向侧面蠕虫状石英消失而转为钠长石。

图 120 左右两颗钾长石 K_1 K_2 交界处有两块蠕英石（Myrm）。蠕虫状石英相对较粗。左上侧蠕英石斜长石的底面解理（001）与钾长石 K_1 的（001）一致。左右两蠕英石分别与其相隔的钾长石中的条纹钠长石结晶方位一致，光性方位近似。右侧的粗蠕英石中还包裹有被交代钾长石 K_1 的一个包裹体（图 122）。其干涉色和方位与 K_1 完全一致，其折光率又明显低于蠕英石斜长石，表明它确实是钾长石 K_1 的残留体。

蠕英石中存在有条纹钠长石残留体，甚至有不改变方位的钾长石残留体，加上在两颗钾长石之间出现两排蠕英石成对错生长，应该最有说服力地表明蠕英石不是固溶体分离造成，而是属于异方位交代成因，是由于含钙的钠质流体进入到两颗长石（无论是钾长石与斜长石，还是两颗钾长石）的粒间，取其旁一颗长石（通常为斜长石，也可以是钾长石）的结晶方位为其结晶方位，以异方位交代另一旁钾长石的方式交代生长而形成。

图 122 中右侧的蠕英石有些特别。若按蠕虫状石英粗细和有无可分为三部分（上部粗蠕英石，左下部细蠕英石，右下部则为几乎没有蠕虫状石英的钠长石）。它们的干涉色略有差异，反映成分上有所差别。这颗蠕英石可能经历了先形成粗蠕英石，后生长细蠕英石，最后生成钠长石（无蠕虫状石英）的先后形成过程（即从钙质参与钠交代由较多到较少，到几乎无的过程）。

在含钠质的流体对钾长石进行异方位交代的过程中，若钙质参与得多一些，则形成的蠕英石斜长石的号码就高一些，蠕虫状石英的量就多一些；若钙质参与得少一些，则形成的蠕英石斜长石的号码就低一些，蠕虫状石英的量就少一些。如果钙质参与更少，便形成不含或很少含蠕虫状石英的钠长石，即净边钠长石或粒间钠长石。

在同一个岩体岩石中，如果蠕英石所含的蠕虫状石英有的粗，有的细，则往往粗蠕英石形成早，细蠕英石形成晚，而净边钠长石和粒间钠长石则形成更晚。这也表明，随着时间的推移，交代流体中的钙含量，有逐渐减少的趋势。作者甚至有粗蠕英石形成于相对深部，而细蠕英石形成于相对浅部的感觉。

异方位交代成因的钠长石常出现在富硅偏碱的酸性花岗岩中，如碱性花岗岩、钾长花岗岩中，斜长石属钠长石、钠奥长石，其中的钾长石含条纹钠长石多。故交代成因的钠长石与条纹钠长石接触的机会较多，常可见到条纹钠长石的残留体。

蠕英石经常出现在偏中酸性的岩石中，如二长花岗岩，花岗闪长岩中，即岩石含钙稍高一些，其中的斜长石属奥长石、奥中长石、中长石，其中的钾长石含条纹钠长石相对较少，较细小。蠕英石与条纹钠长石相接触机会较少。这可以说是蠕英石中很少或者看不到有条纹钠长石残留体的客观因素之一。

但据作者观察，即使蠕英石与条纹钠长石直接接触，也不易在蠕英石中留下条纹钠长石的残留体。这或许反映，有钙质参与的钠质热流体对条纹钠长石的交代能力，比纯钠质热流体对条纹钠长石的交代能力更强。

薄片未必切到其背后贴靠的斜长石（或者钾长石），尤其当蠕英石生长得较大时，会造成蠕英石似乎也可以贴在石英或其他矿物上生长（如图117、图123）。或者以为蠕英石可以在岩石中的任何部位中都可能独立形成，未必需要以贴靠在某颗长石上为其生长前提。

被交代的钾长石也可能因被蠕英石彻底交代掉而不复存在。在极端情况下，蠕英石可发育在许多斜长石之间 [如英云闪长岩（Tonalite）（即相当于斜长花岗岩）中]，却看不到有钾长石的存在。作者在江西峡江县金滩岩体西北部的城上斜长花岗岩中就见到过这样的例子。似乎在没有钾长石存在的情况下，由于别的什么原因，也可以发生蠕英石化。但据作者判断，这是由于原来岩石中所含（不多或甚少）的钾长石都已被蠕英石交代掉了（蠕英石化特别发育）之故。

在经受过动力变形作用的花岗片麻岩中的钾长石（残余）斑晶的边缘，常可发育众多蠕英石群粒。蠕英石常出现在钾长石颗粒的边界部位上（图111）。在这边界之外，并不见有贴靠生长的完整的斜长石或钾长石。似乎未必需要贴靠在长石之上才能生长出蠕英石。

Cesare 等（2002）报道的在意大利东阿尔卑斯 Cima di Vila 超糜棱岩中磨圆状残斑钾长石的四周，生长出一层厚达1mm的花冠状（Coronas）蠕英石（图124 中 Myr）是很突出的一个实例。这层蠕英石未受糜棱岩化的影响，表明是在糜棱岩化之后形成的。显然在这颗残斑钾长石的四周，由于糜棱岩化的研磨作用，必定会有长石类矿物（钾长石或斜长石）碎粉状微晶存在。在发生有钙质参与的钠交代作用时，残斑钾长石四周这些碎粉状长石的微晶便可成为蠕英石生长的基础（晶核）。鉴于糜棱岩化的基质不适合蠕英石生长，而钾长石残斑适合蠕英石交代生长，于是便从残斑边缘向着钾长石交代生长出一层（环状）蠕英石。

由此看来，蠕英石既不是固溶体分离所致，也不是由于钾长石交代斜长石造成。相反，是后来再生的斜长石（不是原来的斜长石）交代原先已存在的（可能是原生的）钾长石，因有 SiO_2 的多余，形成含蠕状石英的蠕英石。

3.3　条纹长石的成因

花岗岩类岩石中的钾长石晶体，通常都不是由单纯的钾长石相构成，其中往往含有一些斑点状、斑片状或条纹状的钠长石相，整个长石就称为条纹长石（perthite）（图125 ~ 图131）。肉眼可见的称显纹长石（macroperthite，厚>0.05mm），光学显微镜下可以分辨的为微纹长石（microperthite，厚0.05mm ~ 1μm），还有隐纹长石（cryptoperthite，厚<1μm，需用 X 光衍射或扫描电镜观察）。这里讨论的是显微镜下可以看到的条纹长石。当钠长石条纹很发育时，则条纹长石常可称为碱性长石（alkali feldspar）（图127）。

斜长石中有时也会含有一些小块状、斑片状钾长石。含有小块状、斑片状钾长石的斜长石，便可称为反条纹长石（antiperthite）（图 145）。

3.3.1　条纹钠长石的含量

主晶钾长石中客晶（又称嵌晶）钠长石条纹的含量，随主体岩石成分的不同可以有很大变化。总的说来，碱高、硅高、含钙铁镁低的深成岩中的钾长石斑晶中条纹钠长石较发育，或者很发育，可从占主晶 5%～10% 增到 30%～40%，甚至接近或者超过主晶（图127）。而含钙、铁、镁高，硅、碱较低的深成岩中，钾长石中条纹钠长石则往往较为稀少。

在斑状花岗岩中，斑晶钾长石所含的条纹钠长石含量常常比基质钾长石中的多。

此外，在同一个钾长石大斑晶中，条纹钠长石的含量，有时会出现内核中分布多，外缘中分布少的现象，或者相反，外缘多，内部少。而且这种变化可以是渐变的，也可以是相当突然变化的，甚至可呈环带状重复变化（图125）。

在超浅成的花岗斑岩、石英斑岩中，尤其是在喷出的流纹岩中，钾长石往往属透长石，所含的条纹钠长石比在花岗岩中的少得多，甚至几乎不含。

3.3.2　条纹钠长石的形态

条纹钠长石的形态，样式多种多样。含量少的，常呈微细脉状、水滴状、纺锤状、细棒状、细薄片状。含量增高时，则呈破裂滴状、斑块状、似脉状、枝杈状、穿插状、发辫状、火焰状、网脉状、甚至极不规则状、甚至有的被形容为"蟹状"等各式各样形态（Alling，1938；胡受奚，1980）。

钠长石条纹在钾长石中的分布，大体上比较均匀，呈大致平行的雁行式排列，边界有比较整齐的，如水滴状、细棒状，但往往很不整齐，很不规则。

实际上，主晶钾长石条纹长石中钠长石条纹主要是呈薄片状、饼状，沿大致靠近（100）［与解理（001）的夹角为 64°］，即沿称为 Murchison 面（Bøggild，1924）（$\overline{601}$），或（$\overline{701}$），或（$\overline{1502}$）［与（001）解理面约夹 65°～73°］分布（图126）。在 ⊥ b 轴或 //（010）的切面［此时底面解理（001）清晰，而条纹钠长石不显钠长石双晶］上，钠长石条纹会很清晰，条纹大体呈平行排列。大致平行于钠长石光率体的 N_m 轴在此切面上的投影（与钠长石的 c 轴挨近）。此外还有的条纹可沿（110），（$\overline{110}$）分布（这两组条纹相交成发辫状）及很少沿（010）分布（Tschermark，1864）。Murchison 面，以及（110），（$\overline{110}$），既不是解理也不是裂隙。条纹钠长石不会沿解理，也不会沿裂隙分布。

不论是哪种形态的条纹，也不论条纹发育的多少，条纹钠长石和主晶钾长石具有相同的结晶方位。它们的光率体三个轴（N_p，N_m，N_g）的方向比较挨近。消光位有些差别，但一般不超过 25°，作者曾称之为"跟踪消光"（南岭区域地质测量大队，1959）。加石英试板后，钾长石若显红橙，钠长石便显黄；将载物台旋转 90°，钾长石显蓝，钠长石即显绿，表明它们两者的双折射率有些差别，但光性方位（同名光率体轴）接近。钾长石（微斜长石）有时会具有格子状双晶，条纹钠长石则具钠长石双晶。当切面合适 ［⊥(010)，条纹钠长石显示钠长石］时，可见条纹钠长石的钠长石双晶似乎可与钾长石的格子双晶连通。两者具有共同的 (001) 底面解理和 (010) 柱面解理。因此，它们具有基本一致的结晶方位。

另外，在正交偏光下，旋转载物台，当微斜长石的格子状双晶消失（干涉色达到均匀一致）时，条纹钠长石的形态和分布状况，会显得最清楚、最显著。

3.3.3　条纹钠长石成因假说

对条纹钠长石的成因假说主要有：贯入交代说、固溶体分离说、同时结晶说。有人认为既有不同成因的，也有混合成因的。

3.3.3.1　贯入交代说

Lehmann（1885）首先提出由于钾长石冷却收缩产生裂隙，从而使热液灌入或交代钾长石而形成。特别是对脉状、似脉状分布的条纹钠长石，以及火焰状条纹钠长石。

1. 脉状、似脉状条纹钠长石

分布比较均匀。在条纹钠长石比较发育的条纹长石中是很多见的。

1）脉状、似脉状钠长石条纹是贯入的吗？

Andersen（1928）也认为，热膨胀冷收缩会产生裂隙。钾长石的最大膨胀方向为靠近 a 轴（与 a 轴夹 +18° 至 +20°），即 ⊥Murchison 面，而最小收缩方向为沿 b 轴。他计算从 1000℃降到 0℃，最大收缩只有 1%。如果钾长石颗粒每 1mm 内有 0.5 ~ 10 条条纹，则所产生的原始收缩裂隙的宽度只有 0.02 ~ 0.001mm。这显然小于通常所见条纹钠长石的宽度。于是他推测沿收缩裂隙必定经受过热液的溶蚀和交代，使裂隙扩大形成脉状、似脉状、枝杈状条纹钠长石（Smith，1974）。

有些研究者笼统地称条纹钠长石为沿解理和裂隙交代发育和分布（胡受奚等，1980），然而，在含钠长石条纹的钾长石中仍常可见及完全的 (001) 解理和不完全的 (010) 解理，也可有未愈合裂隙存在。很显然，钠长石条纹并不沿 (001) 和 (010) 解理发育，也与现在可见的裂隙无关。

许多研究者认为条纹钠长石属于交代成因的主要根据是客晶条纹钠长石呈枝杈状、不规则状、似脉状或脉状穿插分布在主晶钾长石中，甚至可贯穿卡氏双晶结合面 (010)，尤其是当切面几乎垂直 c 轴时（图129）。

作者认为，钾长石中条纹钠长石（片），与 (100) 挨近（很靠近 c 轴），只有 2° ~ 6°（最多 10°）夹角，因此卡氏双晶 ［以 c 轴为双晶轴、以 (010) 为双晶结合面］ 的两边单晶钾长石中的条纹钠长石（片）之间的夹角也很小，不会超过 20°。当薄片切面大致垂直

c 轴时，卡氏双晶两边单晶钾长石中的条纹钠长石（片）都与（010）接近垂直，于是会有像是连通的感觉（如图 129）。再加上卡氏双晶两边单晶钾长石中的条纹钠长石（片）的光性方位也比较近似（因为钠长石的光率体的 N_m 轴比较挨近 bc 轴面），就更容易产生钠长石条纹似乎有穿过双晶结合面的错觉。

　　然而，如果是底面双晶（Manebach Twin）（图 130），或巴温诺双晶（Baveno Twin）（图 131），则其双晶结合面两侧钾长石单晶中的条纹钠长石的延伸方向就明显不一致了，它们的光性方位也显然不同，就都不会产生呈脉状贯穿双晶结合面的错觉。

　　实际上，如果仔细观察，图 129 中钾长石卡氏双晶两边的条纹钠长石的光性方位并不完全一致，只是差别较小而已。可以肯定，条纹钠长石不会成脉状切过双晶结合面的。

　　2）条纹钠长石与同方位钠长石化钠长石的比较

　　凡条纹钠长石都是与钾长石主晶的结晶方位一致。如果钾长石具格子状双晶，当切面与（010）正交时，条纹钠长石的钠长石双晶与钾长石的格子双晶可以平行连通。当切面∥（010）时，条纹钠长石常呈脉状、似脉状不很规则平行分布，确实很像是沿某些微裂隙交代了钾长石所造成的景象（设想后来裂隙被愈合了）。

　　前面我们曾叙述过，在某些地段形成的钠交代岩中，当钠长石化强烈时，钾长石确实可以被同方位钠长石化所交代，形成棋盘状钠长石假象。那么脉状、似脉状条纹钠长石不也可能是由于同方位钠长石化交代所形成的吗？为什么不认为脉状、似脉状条纹钠长石是同方位钠长石化所造成的呢？这就需要对这两种情况做仔细的分析和比较。

　　条纹钠长石与前面叙述的属于钾长石同方位交代造成的棋盘状钠长石在分布状况和形态特征方面有以下几点值得注意的差别。

　　（1）条纹钠长石在岩体中是普遍出现的，可以说是岩体中原生钾长石本身所具有的。而同方位钠长石化只出现在岩体的某些局部地段，即发生强烈钠交代（钠长石化）的钠交代岩地段。同方位钠长石化从不甚发育到很发育，变化急速。交代强烈时，整个钾长石都彻底地变为钠长石。

　　（2）条纹钠长石在钾长石中往往呈短线状、条纹状、不规则脉状、似脉状，主要沿（ $\overline{15}02$ ）分布，与（001）解理夹 64°～73°角。而同方位交代成因的钠长石，在发育初期呈群点状，进一步发育成层片状 [∥（010）]，再扩大合并成团块状，并伴有云雾状水针铁矿化（图 70、图 72）。当切面接近⊥b 轴 [接近∥（010），条纹钠长石不显钠长石双晶] 时，钠长石条纹的延长总是正的（延长方向接近 N_m，⊥长方向接近 N_p），而同方位交代成因的钠长石单个层片为无定形。当切面接近⊥（010）（条纹钠长石的双晶纹清晰可见）时，钠长石条纹的延长方向（与双晶纹垂直）为 $N_g{}'$，而同方位交代成因的钠长石单个层片延长方向为 $N_p{}'$（图 72、图 73）。

　　（3）条纹钠长石通常具有密集整齐的钠长石双晶，而同方位交代形成的钠长石成棋盘状双晶。

　　（4）条纹钠长石的号码 An 值，可以不仅限于钠长石（<10），有的甚至可达到>17，可称为条纹钠质更长石（表 8），而钾长石经同方位交代形成的钠长石的号码 An（以甘肃芨岭的钠交代岩为例）仅为 ≈1（见表 6）的纯钠长石。

表8　　条纹钠长石化学成分　　　　　　　　（单位：wt%）

矿物	样品数	SiO₂	Al₂O₃	CaO	Na₂O	K₂O	Total	An
条纹钠长石 H₄	10	67.6	19.78	0.98	10.96	0.29	99.6	4.7
条纹钠长石 D₂	2	69.78	18.72	0.45	10.8	0.14	99.98	2.3
条纹钠长石 CL₃	3	67.58	20.59	3.15	8.32	0.15	99.79	17.4

注：H₄—广东阳江黄泥田石英正长岩；D₂—广东阳江大澳花岗岩；CL₃—河北宣化赵家窑花岗岩。

（5）条纹钠长石可以被岩浆期后的净边钠长石和粒间钠长石（异方位）交代成残留体（图6、图7、图8），而粒间钠长石明显早于同方位交代的棋盘格状钠长石（图5、图166）。这说明脉状、似脉状条纹钠长石的形成显然比局部形成的同方位交代的棋盘状钠长石早得多。

以上几点表明，脉状、似脉状条纹钠长石与同方位交代钾长石而形成的钠长石，在产状、分布、形态、双晶特征、形成先后等方面都有差别。因此，还不能以钾长石确实可以被同方位钠长石化的事实来说明或证明条纹钠长石也是同方位交代形成的。它可能是由别的原因造成，后面我们将予以探讨。

2. 火焰状条纹钠长石

这是一种形态比较特殊的条纹钠长石，它常出现在产于绿片岩相遭受过形变花岗岩的钾长石中。火焰状钠长石时有时无，分布很不均匀（图132），往往出现在钾长石晶粒的边缘或一端，呈火焰状延展到晶体内部尖灭（图133），或与钾长石中其他条纹合并（图134）。在主晶钾长石中总是只占少数（即不会超过主晶）。火焰状钠长石与主晶钾长石界线平滑、清晰，并常不显示钠长石双晶，但仍具有与主晶钾长石同样的结晶方位。

Pryer 和 Robin（1995，1996）认为火焰状条纹钠长石是由于岩石经受应力作用，在有水参与下，斜长石蚀变后，有一小部分钠离子释放出来，含钠热液沿钾长石裂开的微裂隙进入，并交代钾长石，排出钾离子，而形成火焰状条纹钠长石。

作者对火焰状条纹钠长石没有做过研究，觉得有裂开贯入的可能，甚至还有交代成因的可能。不过火焰状钠长石与前面叙述的强烈同方位钠长石化使钾长石形成的群点状、层片状、团块状、堆状的棋盘状钠长石，在形态和分布特征上确有明显差异。它们的形成条件和形成原因，有待今后研究。

呈不规则火焰状分布的钠长石出现在正常的岩浆岩钾长石中是少数，大多数还是多少呈条纹状比较均匀分布的各种样式的条纹钠长石。

3.3.3.2　固溶体分离说

Vogt（1905）最早提出固溶体分离成因假说，至今相当流行。这种假说认为花岗质熔浆降温到溶离线（约700℃）以下，便结晶出均匀的含钠的透长石。而后在缓慢冷却至≤450℃时，逐渐转为正长石。而随着与岩浆期后含水流体的反应，可逐渐转变为微斜长石。在转变为正长石、微斜长石过程中，会分解析出低钠长石亚晶粒，构成斑块状钠长石条纹（patch perthite）。当温度降到≤350℃，微斜长石固溶体可分解出平直的薄膜状钠长石条纹（straight lamellar film perthites）（Parson and Lee, 2009）。

钠长石条纹多沿 Murchison 面，即沿（$\overline{6}01$），（$\overline{7}01$），或（$\overline{1}502$）分布的事实，促使许多研究者思考或由于热膨胀冷收缩裂隙（contraction cracks of differential thermal expansion）（Andersen, 1928），或由于非均质（各向异性）扩散作用（anisotropic diffusion）（Rosenqvist, 1950），或晶格应变（lattice strain）差异（Smith, 1961）所导致。

Cahn（1968）认为固溶体发生分离而析出的矿物相，应该沿晶格弹性应变能（elastic strain energy）最小的面（方向）或表面能（surface energy）最小的面（方向）溶离析出。

Willaime 和 Brown（1974, 1985）根据钾长石和钠长石的不同的晶格参数，经过数学推导计算得出，钾长石中弹性应变能最小的方向为（$\overline{5}.701$）至（$\overline{7}.901$），这与通常观察到的条纹（$\overline{6}01$），（$\overline{7}01$），（$\overline{1}502$），即 Murchison 面，十分近似。沿其他弹性应变能小的面也有，相当于（$\overline{1}10$）（$\overline{6}\,31$）（$\overline{6}\,61$）（$\overline{6}01$），但较少。

如果 Willaime 和 Brown 的研究成果是可靠的、可以信赖的，这就为钾长石中常常出现的条纹钠长石的成因——固溶体分离成因提供了极好的依据。

为了检验是否有可能从近旁钾长石分离析出钠长石而形成较宽钠长石条纹的迹象，作者用电子探针扫描切过两条钠长石粗条纹做主元素成分测定，见图135。结果显示条纹钠长石（宽80μm）两侧近旁钾长石的钠含量基本平稳，只有微弱的降低（相应地，钾含量有微弱的升高）。近旁钾长石中钠质减少得如此轻微，似乎难以相信这两条粗条纹钠长石系直接从近旁钾长石析出钠长石而造成。如果确系固溶体分离所致，那该是从整个钾长石，而不像是仅从近旁钾长石析出的。

但这两条粗条纹钠长石的中央有比其边缘的钙含量为高的趋势。这是否说明是在固溶体分离时，早分离出的斜长石含钙较高，而后分离出的含钙较低的原因所造成的呢？

如果它们不是固溶体分离所致，那么要考虑同时生长成因的可能性。

3.3.3.3　同时生长说

Vogt（1905）也提出过同时生长假说，认为在发生结晶作用时，斑块状条纹钠长石，可以是在钾长石从熔体结晶过程中同时晶出形成，即有一部分钠长石成分不是单独结晶成钠质斜长石晶体，而是随同钾长石一起晶出，在钾长石中跟钾长石一起生长，而成为钾长石晶体的一部分的。

那么钠长石条纹与钾长石同时结晶的可能性有没有呢？

Lofgren 等（1977）用人工实验方法对这个问题做出了有依据的、有说服力的回答。他从三元长石熔体中直接结晶出透长石（$Or_{75-50}An_{2-7}$）-斜长石（$An_{25-15}Or_{5-20}$）交生的条纹长石。他说，实验结晶得出的条纹长石中的“斜长石条纹规则地沿（100）展布 [thin paralellel lamellae of plagioclase are quite regular in the（100）direction]”。这里他说的（100），作者认为可能就是指挨近（100）的（$\overline{6}01$），（$\overline{7}01$）或（$\overline{15}\,02$），即 Murchison 面。实验结晶得出的条纹长石中“也有呈补丁状、联结状分布的”，这显然是指形成斑块状钠长石。他认为这些条纹不是固溶体分离所致（鉴于实验产物碱性长石的成分和结构具环带状，和实验时间短促）。这个实验结果表明，确实可以从岩浆中直接结晶出条纹长石，即条纹长石的同时结晶成因是有可能的。下面我们从长石矿物中包裹晶的排列状况来探讨这种可能性。

3.3.4 长石中见含定向排列的长棒状包裹晶

长石中，尤其钾长石中，常可包裹一些其他矿物，如斜长石、石英、黑云母之类。这些矿物如果是等轴状的，往往呈杂乱分布（图136）；如果是短柱状的，也会杂乱分布，或许还有成环带状分布的。但如果长石中的包裹晶是长柱状的、棍棒状的，那么除了杂乱分布外，还可能出现一些定向排列。这种定向排列在长石晶体的（010）切面上表现得最为清楚。

Smith（1974）在他的"*Feldspar Minerals 2*"专著（第460页）中报道过他和Stenstrom（Smith and Stenstrom，1965）见到细长柱状磷灰石（通过阴极发光法）在脉状钠长石中有沿 Murchison 面方向排列的现象。

作者1964年在广东台山阳江沿海一带花岗岩地区工作时，在显微镜下惊异地观察到，台山山背浅色花岗岩的原生的钠长石（An_{4-10}）在沿（010）切面上，有时见有细小针状磷灰石晶体包裹体（长>0.3mm，宽仅3μm，长宽比达100∶1）有呈定向分布的现象（戎嘉树，1982）（图137）。针状磷灰石包裹晶平行排列的方向与钠长石底面解理（001）成65°夹角，并与钠长石的 N_m 在（010）上的投影 N_m' 近似平行。具底面双晶（Manebach Twin）的原生钠长石（切面⊥b 轴）两侧所包含的针状磷灰石分布状况，与钾长石底面双晶两侧的条纹钠长石分布状况很相似（图138）。这暗示它有助于解释条纹钠长石的成因。

作者在1975年观察广东诸广山大岩基中城口花岗岩薄片时，看到大颗粒钾长石中包含有细长棒状自形钠长石晶体（宽约20μm，长约400μm）。尽管它们有杂乱分布的［薄片切面为沿（010）］，但其中有一些显示定向排列，其方向也与条纹钠长石排列的方向一致（图139）。

后来作者在观察纳米比亚罗辛伟晶状花岗岩石时，发现钾长石晶体也有偶尔包含针状磷灰石（图140、图141）。在沿钾长石（010）的切面（大致⊥b 轴）上，针状磷灰石有一些是杂乱散布的，但有一些明显呈定向排列。其中最长的一根长400μm，宽5μm。其排列方向也与条纹钠长石排列的方向近似，与（001）解理成约65°夹角，且与条纹钠长石的 N_m 在此（010）面上的投影 N_m' 接近。长石中的针状磷灰石，钾长石中的细长棒状钠长石显然不是因固溶体分离所致，而是属于正常包裹晶。

目前我们还难以看到针状、长柱状矿物在 Murchison 面上的分布和排列状况，但至少已经了解到它们有沿 Murchison 面与（010）面的交线方向呈定向排列。

作者认为，长石中包裹的针状、棍棒状外来矿物有呈定向排列的现象，绝非出于偶然。它应与长石矿物结晶生长的机理有关。

3.3.5　条纹钠长石的成因讨论

这些被包裹的细小长棒状客晶钠长石和细针状客晶磷灰石，不论杂乱分布的还是定向分布的，既不能用交代作用，也不能用固溶体分离（不混溶或出溶作用）来解释，而是属于岩浆结晶过程中的正常包裹现象。这种定向包裹现象，可能暗示长石矿物在结晶生长时，其结晶力最强[①]的方向，与晶体的 $(\bar{6}01)$、$(\bar{7}01)$ 或 $(\bar{1}50\bar{2})$ 面（即沿 Murchison 面）与 (010) 面的交切线方向接近。在条件稳定的情况下，当外来的细柱状、细针状客晶被包裹时，受长石的结晶力最强方向的制约，而不得不沿此方向分布。由此可以推测，钾长石中分布的钠长石薄片（条纹），有可能是这样形成的：

在熔体中钾长石结晶生长过程中，会有少量或适当量的钠长石参与同时晶出（即晶出的钠长石落在正在晶出的钾长石上，随钾长石一起晶出）。随后在继续结晶生长过程中，即将晶出的钠长石会堆积在钾长石或钠长石上，但堆积在钠长石之上相对地要比堆在钾长石之上更容易些、更顺利些。同样，即将晶出的钾长石也会主要堆积在钾长石之上。由于长石结晶力最强的方向（正好就是弹性应力最小或表面能最小的方向），即长石具体堆积排列的方向，控制了细小条状包裹体排列的方向，于是形成沿此方向分布的条纹长石。因此，钾长石中似脉状条纹钠长石，可能是同时结晶所造成。

作者认为，不很均匀又不大规则分布的，同时结晶成因的可能性较大；而均匀规则分布的，尤其是细而密集整齐平行分布的钠长石薄片状条纹，则固溶体分离成因的可能性更大（图 142）。

火焰状条纹钠长石的成因，作者没有做过深入观察研究，认为可考虑贯入的可能，或许还有交代成因的可能。

另外，对于交代成因形成的新生钾长石中的蠕虫状（条纹）钠长石，既可以称其为交代成因，也属于同时生长成因。

还可以把交代成因的条纹长石和岩浆成因的条纹长石做个对照和比较。

图 143 是广东阳江黄泥田石英正长岩中老钾长石（K_1，K_2，K_3）被新生长钾长石（K_4' 及 K'）交代的显微照片（正交偏光加石英试板）（图 143B 为 A 中央局部的放大）。K_4' 中蠕虫状（宽 $10 \sim 40 \mu m$）条纹钠长石大致呈放射状向左向上朝被交代的老钾长石散布。它应该是在对原生钾长石的逐渐交代过程中与新生钾长石同时生成的。此外，还分布有细小薄片状（宽一般 $<3 \mu m$）密集平行的条纹钠长石（也和条纹钠长石的 N_m 在垂直 b 轴切面上的投影接近一致），它们或许不是在交代作用的同时形成，而是在新生钾长石形成以后因温度下降固溶体分离所造成。

新疆哈密尾亚角闪石英正长岩中也有新钾长石对老钾长石的交代生长（图 144）。在新

---

① 结晶力最强，也即结晶控制能力最强。这与结晶速度最快的方向不同。而结晶速度最快的方向，生长的最大的方向，对长石来说，为沿 a 轴，c 轴，而沿 b 轴最慢。结晶力最强的方向与 Willaime 和 Brown（1974，1985）计算得出的弹性应力最小的方向，即 Murchison 面方向，正好一致。

形成的钾长石 K′ 右侧含众多老钾长石残留体的部位不出现条纹钠长石。K′ 所含的条纹钠长石，左侧为很不规则粗蠕虫状条纹（可能为与交代同时形成），中央则为比较规则、大致定向分布的条纹，与底面解理成 $65° \sim 70°$ 夹角。这种条纹与正常岩浆结晶成因的钾长石中的通常见到的条纹钠长石，十分相似。

由此可见，无论岩浆成因的还是交代成因的钾长石都可以具有主要沿 Murchison 面分布的条纹钠长石，其成因既可能为同时结晶，也可能为固溶体分离，但都不像是后来钠质热液沿裂隙贯入加交代作用所形成的。

3.3.6　反条纹长石成因

反条纹长石是指主晶斜长石中含有同方位细小的客晶（又称嵌晶）钾长石。在贫钾的以斜长石为主的花岗岩中比较多见，而在富钾的花岗岩中，则较少见（不如条纹长石显著和普遍），即奥长石–中长石反条纹长石比较多见，而钠长石反条纹长石则较少见。

反条纹长石中的客晶钾长石在主晶斜长石中的形态多呈不规则、分散、孤立的平顶状小块体状或短条状晶体（图 145），确实不像条纹钠长石那样呈不规则条纹状、脉状、似脉状。但其结晶方位必定严格地与主晶斜长石的一致。多数研究者认为反条纹长石是由主晶斜长石出溶作用所致（Hubbard et al.，1965；Vogel，1970）。有些研究者主张是由于交代作用形成。有的认为是钾长石化造成（董申保和贺高品，1987；Collins，2002）。也有的认为是斜长石化交代钾长石后留下的残余体（Plümper and Putnis，2009）。

作者对反条纹长石的成因没有做过深入的调查研究，不过从图 145 可以看出，左侧的斜长石 Pl_1（An_{10}）不显示钠长石密集双晶纹，切面为几乎 // (010)。所含的钾长石 K_1 呈不规则块体状，其中（靠上侧）有一些块体约略呈长条状，其排列的方向与 Pl_1 的 (001) 解理约夹 $60° \sim 70°$ 夹角，也与该斜长石的 N_m 在此面上的投影 $N_m′$ 挨近。

作者以为，反条纹长石跟条纹长石一样，不像是由于钾长石对斜长石或者斜长石对钾长石进行同方位交代所造成，应考虑固溶体分离和同时结晶的可能。鉴于钾长石小块体的形态和分布状况都不大规则，作者比较倾向于同时结晶成因。如果钾长石小块体的形态细小和分布比较规则，或许固溶体分离成因的可能性更大。

3.4　钾长石变斑晶与正斑晶的识别

花岗岩有时具有斑状结构，特别是钾长石颗粒往往比基质大很多，成为斑晶。花岗岩中的钾长石斑晶呈方块状的，多无定向随意分布；呈长板状的，常可大致呈定向排列。

花岗斑岩或微细粒斑状花岗岩的钾长石斑晶中几乎都不含基质矿物的包裹体，而基质在细中粒以上的斑状花岗岩中的钾长石斑晶中，不时可含有斜长石、黑云母等包裹体，加上晶形较差，因而有称这样的花岗岩为似斑状花岗岩。似乎"似斑状"斑晶的成因未定，有可能是变生的。当花岗岩显示具有片麻状、眼球状的时候，钾长石常构成"眼球"，通常会被称为"混合花岗岩"。眼球状钾长石会被称作为"变斑晶"。另一种看法认为是花岗岩中的原来斑晶（正斑晶）的残斑。于是引起花岗岩是岩浆成因还是变质成因之争论，实际上主要是钾长石的成因争论。因此，钾长石变斑晶与正斑晶的正确区别，十分关键。

3.4.1　变斑晶成因说

主要有两种假说：自净变晶说（Metamorphic Autocathasis）和交代成因说（Metasomatic Genesis）。

3.4.1.1　自净变晶说

Harker（1950）在《变质作用》一书中提出"变晶生长过程中尽力把任何种类的外来包裹物加以排除而自净本身。此排除杂质使自己干净的能力取决于其固有的结晶力，变晶生长时能排斥外来物质，却又不能完全把它们驱逐掉，结果使它们沿着变生晶体生长作用力最小的某些方向分布而保留下来"。

Augustithis（1973）在《花岗岩片麻岩结构构造图册》中把环带状包裹小颗粒斜长石等矿物的钾长石巨斑判断为变斑晶。认为"作为变斑晶，在其生长过程中，可以净化自己（自身净化作用），把基质组分同化清除，或者把不受同化的残余物推到钾长石变晶的边部，或者使其限定在变晶的某些晶面方向，即其结晶力最小的方向。于是使蠕英石化斜长石和遭溶蚀的黑云母等基质矿物沿钾长石斑晶的（001）（010）（110）面分布"。

这种观点是很值得怀疑的。因为交代作用是在全岩保持固体状态下进行的，交代作用可以交代掉一些矿物，但对于交代不掉的矿物，应该基本上残留在原地。即使在交代作用过程中岩石曾发生一定程度的塑性形变，所包裹的交代残余物可以有所偏离原地，有所旋转，但也不至于被推到一边，沿变晶内结晶力最小的方向作重新排列。

3.4.1.2　交代成因说

1. Hippertt（1987）假说

Hippertt（1987）对巴西 Niteroi 眼球状片麻岩中微斜长石变斑晶的形成进行了研究，用示意图解描述了微斜长石交代斜长石并发育成长为微斜长石变斑晶的系列演化过程［被 Deer 等所著 *Rock-forming Minerals*（2001 年版）中第 585 页所引用］（图 146）。在该图中：

（1）原岩为以斜长石为主的变质岩。

（2）开始发生微斜长石化，并且在其边上斜长石出现重结晶小颗粒。

（3）邻近的许多微斜长石小变晶合并成一颗变斑晶，其中包裹一些约略定向分布的斜长石小晶体。

（4）变斑晶成长成自形晶，并可交代掉所包裹的斜长石小晶体。

这里的疑问是微斜长石在形成变斑晶过程中既然能交代掉许多斜长石（彻底交代，不留痕迹），为什么却不触动、不去交代少数斜长石晶粒，几乎完整地把它们留下？它们又怎么会在钾长石变斑晶中约略呈定向分布的呢？

还有，开始交代斜长石而生长的微斜长石小变晶应该是各向异性的，这些各向异性的微斜长石小变晶如何合并成大小近似、形状类同的变斑晶？变斑晶也应该是各向异性的，怎么会形成定向排列呢？这些都是难以理解的。

2. Collins（2002）假说

Collins 强调，岩石必先发生变形碎裂，方可导致深部上来的含钾含硅的流体渗入，引起钾长石化。起初，围绕原岩中已经存在的钾长石，生长出新生钾长石，然后，交代周围的斜长石。他认为，钾长石化容易交代的对象是那些与交代生长的新生钾长石的方位不一致的斜长石颗粒。钾长石化可把它们彻底交代掉，不留痕迹，同时也能交代掉大部分石英和黑云母等。而那些与新生钾长石方位一致的斜长石晶体，因方位一致而难以被钾长石化交代而得以保存下来，并沿钾长石某个晶面平行排列，于是呈同心环状分布。由于重复发生碎裂，致使含钾（并含钡）含硅流体多次渗入，多次钾长石化，形成 Ba-K 重复环带。于是钾长石不断长大，形成巨大自形斑晶（图 147、图 148）。

Collins 的假说至少存在三个的重大疑问：

其一，钾长石大斑晶中石英含量（<3%），黑云母含量（1% ~ 2%），远少于原岩中的含量（分别达 10% ~ 20% 和 6%）。难道大量石英，还有黑云母晶粒真的被钾长石化彻底交代掉了吗？

据作者镜下观察，钾长石化既不交代石英，也难以交代黑云母。今在这大斑晶中也没见到石英和黑云母有被钾长石交代的现象。因此，显然缺乏显微镜下观察的依据。

其二，Collins 说"钾长石巨斑中呈同心环状分布的大多数斜长石小晶体的结晶方位，与主晶钾长石的一致"。但依作者判断，它们只是被钾长石呈平行或环状包裹，常以其晶粒的长方向（其某个较大的晶面）沿钾长石斑晶内部曾经出现的晶面大致平行分布。但它们与主晶钾长石的结晶方位大多数都是不一致的，只有极个别的例外。这在正交偏光下已可看出（图 147），若加上石英试板便更容易察觉。如果这些斜长石晶体的边部发育有蠕英石或钠长石净边，更能确证它们与钾长石主晶的结晶方位的不一致（正因为方位不一致，才会有蠕英石边和钠长石边的生长）。因此，这些斜长石晶粒的结晶方位，必定与主晶钾长石的不同。

如果说，杂乱分布的小颗粒斜长石，因与主晶钾长石结晶方位不一致，可被钾长石化彻底交代掉，那么同样与主晶钾长石方位不一致的、约略呈同心环带分布的斜长石颗粒，为什么不被交代而得以保留呢？显然难以解释。

其三，原岩中大量的斜长石颗粒（当然与大斑晶钾长石的方位不一致），真的是被钾长石完全交代掉了吗？为什么没留下痕迹呢？

诚然，有时在钾长石大斑晶中可以见到有钾长石化对异方位斜长石的交代现象。但往往只是局部交代，而相当一部分，甚至大部分斜长石仍保留着，并未交代掉。如果钾长石斑晶确实是由钾长石异方位交代斜长石而成，那么在显微镜下观察众多薄片时，应该能看到斜长石被钾长石从局部交代到彻底交代的变化，即从局部（<5% ~ 10%）被交代，到

部分（10%～50%）被交代，逐渐变到大部分（50%～80%）被交代，一直到几乎彻底被交代的一系列过渡变化，就像石英化交代钾长石或方解石，或者像方解石化交代石英或钾长石那样。而实际上我们能观察到的，要么是斜长石被局部交代，要么就是所谓"完全彻底被交代"，却看不到上述这种应该有的过渡变化。于是，作者认为不同方位斜长石"完全彻底被交代"的说法也缺乏依据。

因此，不含斜长石残留体的整个比较纯净的钾长石大晶体，难以被判断为是钾长石化彻底交代了斜长石而形成的变斑晶。

3.4.2　岩浆结晶成因说

花岗岩、花岗闪长岩中斜长石常比钾长石显得自形，颗粒较小，可被钾长石包裹或半包。许多人工模拟实验（Burnham et al.，1971，1974；Luth，1976；Fenn，1977）都证明，花岗岩、花岗闪长岩熔体降温结晶时，斜长石开始晶出时间常比钾长石早。

Swanson（1977）[①] 还用人工模拟实验研究花岗质熔体（钾长石+钠长石+钙长石+石英+水3.5%，压力2～8kbar）降温（900～400℃）过程中各主要造岩矿物的成核密度和生长速率随过冷度而变的情况（图149）。结果表明，在过冷度（液相线温度与开始结晶温度之差）较低，如<100℃时，碱性长石和斜长石的成核密度差不多，但碱性长石的生长速率要比斜长石快得多（达几倍至几十倍）。于是碱性长石得以形成比斜长石大得多的晶体，从而形成包裹斜长石小晶体（有时成环带排列）的大斑晶（定向或不定向，自形或他形）是有可能的。

Vernon 等（1986，2002）认为形变花岗岩中钾长石巨晶并非变斑晶，而是正斑晶的残余。他对钾长石巨晶为岩浆结晶成因的判别，列出了如下几条主要准则：①自形；②简单双晶；③环状包裹黑云母和斜长石自形小晶体；④巨晶从内向外，成分（尤其 Ba）具震荡环带变化。

我国许多岩石研究者对各地花岗岩中钾长石巨晶研究后认为是岩浆结晶的产物，不是交代成因的变斑晶（戎嘉树，1982；白宜真，1986；马昌前，1990；徐夕生等，2002；李小伟等，2010）。

作者同意以上岩浆结晶成因的观点。并且强调指出，即使在钾长石巨斑晶的内部，确实见到有钾长石呈异方位交代斜长石的现象，也不能就此认定钾长石巨晶属变生成因。许多岩石研究者因为看到斜长石有被钾长石交代的事实，往往作为确定该钾长石巨晶为变斑晶的重要依据。对于这种情况，作者建议宜仔细观察钾长石中条纹钠长石的发育状况。一

---

① 研究人工合成花岗岩花岗闪长岩 $KAlSi_3O_8$-$NaAlSi_3O_8$-$CaAl_2Si_2O_8$-SiO_2 组分熔体系统在水饱和及不饱和状态下 2～8kbar 和 900～400℃ 降温过程中斜长石、碱性长石和石英的结晶生长随过冷度情况。所测定的结晶生长速率为 3×10^{-6}cm/s（约2.6mm/d）至 1×10^{-10}cm/s（约0.03mm/a），成核密度为 $0～1\times10^8$ 点/cm³。过冷度 ΔT 为液相线（温度）与矿物开始结晶温度之差。随过冷度增大，晶体生长速率先增加到达峰值后下降，而成核密度则一直增加，最后趋于平稳。

般在钾长石中，条纹钠长石或多或少会有所出现。通常，在包裹斜长石残留体的钾长石中所含的条纹钠长石数量，往往比残留体之外的钾长石中含有的条纹钠长石数量少（图29、图30）。根据异方位交代生长规律，新生钾长石 K′ 正是在原有钾长石 K 的基础上对斜长石进行交代生长的。交代生长的钾长石 K′ 与原有钾长石 K 的结晶方位一致，它们之间没有明显界线，差别仅在于含条纹钠长石的数量不同而已。由于不够注意这种差别，或者原生钾长石本来含条纹钠长石就少（岩石通常含钙、铁、镁较高，含 SiO_2 较低），这时原生钾长石 K 与交代生长的钾长石 K′ 无从分辨，当然更容易得出岩石中所有钾长石都是由交代作用形成的感觉，造成错觉。

根据镜下广泛观察，钾长石难以交代石英和黑云母。钾长石交代斜长石使之成残留体的程度，即在具体一个岩石中交代的程度相差不多。没有从轻度到重度到彻底交代的系列过渡变化。所以，作者坚持认为纯的干净的不含斜长石残留体的钾长石不是彻底交代了斜长石的钾长石，而是原来存在的钾长石。在钾长石大斑晶内部后来叠加上了异方位钾长石化对斜长石的局部交代是可能发生的。但钾长石巨斑整体上仍应属于原生成因。

作者这里强调花岗岩中钾长石大斑晶不是变斑晶，而是正斑晶或者是它的残斑，是根据镜下观察得出的结论，完全不否定岩石中确实有各种变斑晶矿物的存在。碳质页岩接触变质后生成红柱石，区域变质结晶片岩中出现石榴子石，十字石等大晶体矿物，都是在岩石保持固体状态下通过交代作用形成的变斑晶。

3.5　交代作用的历史

由原生矿物组成的岩石，经过若干次矿物交代作用的叠加，岩石结构便变得复杂。然而，如果每次交代作用都留下一些痕迹，那么根据前面叙述的单矿物交代生长的规律，对矿物交代的先后做出一些比较合理的、科学的判断，就有可能了解各次交代作用发生的历史。这也是地质研究工作希望查清的问题之一。

以下是一些实际例子。

3.5.1　先形成对错交代钠长石化，后发生石英化

在一种浅色花岗岩（广东阳江新洲北环花岗岩，含碱性长石 19%，钠长石 40%，石英 37% 和黑鳞云母 3%）中，可以看到其中有钠长石化和石英化现象（图150）。这两种交代作用都是以异方位形式交代钾长石。交代作用相当强烈，交代生长的钠长石宽度可达 0.5 mm。石英化形成的新生石英的宽度更大，>0.5mm。钠长石化和石英化使钾长石被交代得残缺不全，甚至把一半钾长石都交代掉了。这时，用正交偏光下加上石英试板进行观察，有助于找出原先条纹长石（碱性长石）的位置，确定在两颗条纹长石之间有无对错交代两排新生钠长石的存在，如图150。当看清了对错交代钠长石和新生石英的直接接触关系，便可作出判断，异方位钠长石化应早于石英化。因为，对错交代两排钠长石是在这两颗钾长石保持完整（包括它们的交界面）的情况下才可能发生。如果新生石英形成在前，

占据了两颗钾长石目前的位置，那就不可能发生两排对错交代新生钠长石。

3.5.2　先发生对错交代钠长石化，后发生绿柱石化

在一种浅色花岗岩（广东台山山背花岗岩）体的顶盖相中，有一些细小的类似伟晶岩囊包体散漫分布，囊包体中心为全他形充填状的绿柱石，周围为较自形的钾长石和斜长石。该伟晶岩囊包体中的绿柱石（Be），呈他形充填状位于若干自形长石之间，其中无交代残余矿物，应属原生成因（图56、图57、图151）。另有一些绿柱石（Be'），为不规则状分布在钾长石的内部，其中常包有不改变方位的条纹钠长石的残余体。这些绿柱石（Be'）应属交代成因。在几颗不同方位钾长石（K_1，K_2，K_3）之间，还见有对错交代钠长石（Ab_1'，Ab_2'，Ab_3'）存在（图152）。无论钠长石化，还是绿柱石化，都是以异方位交代钾长石为主，对条纹钠长石则较少交代，基本不交代完整的斜长石（钠长石）。从图152明显看出，这两小排钠长石的两侧虽已被交代成因的绿柱石占据，但每排钠长石都与其后的钾长石中条纹钠长石的光性方位近似一致（这意味着与该钾长石的结晶方位一致），说明它们是对错交代形成的钠长石。表明这里原先是两颗钾长石的交界处。由此可以推断，新生交代钠长石的形成应发生在前，之后才发生绿柱石化。因为如果绿柱石化发生在前，新生绿柱石已经占据了两颗钾长石的交界处，就不可能形成两排对错交代新生钠长石了。

3.5.3　三次异方位交代（早钠长石化，后钾长石化，晚钠长石化）

三次异方位交代指先发生钠长石化，后发生钾长石化，最后又有些轻微的钠长石化。

在复式大岩基内比较早形成的花岗岩（例如粤北诸广山大岩基印支期第三阶段黄沙塘中细粒小斑状二云母花岗岩）中，在两颗不同方位的钾长石的交界处，有时可以看到一些复杂化现象（图153、图154）。这里曾发生过三次异方位交代作用。第一次为异方位钠长石化，形成对错交代的两排钠长石（Ab_1'，Ab_2'），每排钠长石宽约 $0.3 \sim 0.4mm$（这两排钠长石后来经受蚀变，发生绢云母化而显得浑浊脏杂）。第二次为异方位钾长石化（K_1''，K_2''），是以钾长石为背景，反过来交代异方位的斜长石（钠长石），即部分交代掉第一次交代形成的钠长石（Ab_1'，Ab_2'）。异方位交代形成的钾长石（K_1''，K_2''）（宽约 $0.2 \sim 0.3mm$），比原生钾长石缺乏条纹钠长石。第三次又出现轻微的异方位钠长石化。这次钠长石化以残留的第一次交代形成的钠长石为背景，局部交代第二次交代形成的钾长石（K_1''，K_2''），形成净边钠长石（Ab_1'''，Ab_2'''），其宽度<0.1mm。从图153、图154可见，钠长石净边都出现在斜长石（钠长石）与不同方位钾长石的交界处。而在两排绢云母化钠长石的交界处（直线交界），则没有钠长石净边发育，正说明异方位交代钠长石化，难以向不同方位的整块斜长石进行交代。

另一个例子是在两颗不同方位钾长石 K_1 与 K_2 的交界处出现一些零乱的钠长石小晶体（图155A）。在正交偏光下加石英试板后（图155B），可以察觉，这些钠长石小晶体正好分为方位不同的两堆，分别坐落在这两颗不同方位的钾长石（K_1，K_2）的边部，并且分

别与其后（相隔）的钾长石中条纹钠长石的结晶方位相近似。

　　上述现象的出现，绝非出于偶然。根据异方位交代作用的机理，可以合理地判断，这里主要发生过两次交代作用。第一次是异方位交代钠长石化。它从两颗原生钾长石 K_1 K_2 的交界边开始，向对面钾长石交代，形成 Ab_1' 和 Ab_2'，宽约 0.3mm。在异方位交代钠长石化结束之后，第二次是发生异方位交代钾长石化。它从钾长石 K_1 K_2 与第一次交代生长钠长石 Ab_1' 和 Ab_2' 的交界边上，向第一次交代形成的钠长石交代，形成 K_1'' 和 K_2''，宽度也达 0.3mm 左右（图 156）。由于这两次交代（异方位交代钠长石化和钾长石化）的宽度相当，但第一次钠长石化交代钾长石没留下钾长石残留体，而第二次钾长石化交代钠长石留下一些钠长石残留体，就是这两堆残余钠长石小晶体。第二次异方位钾长石化形成的钾长石 K_1'' 和 K_2''，含条纹钠长石很稀少，与原生钾长石有所差别。

　　通过显微镜中高倍物镜观察（图 157），在这第二次交代生长的钾长石 K_1'' 和 K_2'' 范围内，察觉存在有若干细小浑圆状的石英（Q）颗粒（直径 5 ~ 20μm）（后者在正常的钾长石 K_1 K_2 大晶体中是没有的），可以判断为第一次交代生长钠长石中含有的细小蠕虫状石英的残留体，它们在第二次钾长石化时，先前两排对错交代钠长石被交代掉，但其中所含蠕虫状石英一部分残留了下来。这也证明确实曾经在此发生过以上两次交代作用。

　　从两端发起的第二次异方位钾长石化交代掉第一次交代生长的钠长石后，可能会相遇而发生交代（既可以向 K_1'' 交代，也可以向 K_2'' 交代）。目前两颗钾长石的交界边显得崎岖曲折是否为异方位钾长石化造成的呢（图 156）？只是怀疑，还不能肯定。

　　有没有像图 164 所示的第三次异方位交代钠长石化形成净边呢？仔细观察也是有的，它出现在 Ab_1' 和 Ab_2' 脏杂残余体的周边（图 156），只是十分微弱（宽仅 10 ~ 20μm）而已。

3.5.4　黑云母异方位白云母化，同方位绿泥石化

　　原生自形片状黑云母（已转变为绿泥石，析出铁质）与白云母接触处出现复杂化（图 158）。白云母可分为 Ms 和 Ms' 两部分。Ms（纯净，多半与石英搭界）为原生白云母。Ms'（不规则穿插在绿泥石中）为新生白云母。然而绿泥石化与白云母化谁先发生还难以判断。但据一般规律，异方位交代会早于同方位交代，那么是否可以推测，异方位交代形成的白云母 Ms' 发生在前，而同方位交代形成的绿泥石形成在后呢。还有待更多更可靠的依据来否定或证实。

3.5.5　异方位钠长石化、黑鳞云母化、白云母化和石英化

　　在一种富碱富硅的浅色花岗岩（广东阳江东平北环浅色钠长石花岗岩）中有时可以看到有异方位钠长石化、黑鳞云母化、白云母化和石英化出现，其中石英化和黑鳞云母化相当发育，甚至很强烈（宽度>0.5mm）。由于它们都是以钾长石相矿物为主要交代对象，往往使钾钠长石连生晶的碱性长石（图 159）中的钾长石被交代掉，而剩下发育的条纹钠

长石残留体（图 160 ~ 图 163）。那么，上述这些交代作用是同时发生的，还是先后发生的呢？

通过对这种岩石若干薄片的镜下观察，从矿物之间的接触关系，可以尝试整理出矿物交代的先后顺序。这里列出了几张不同比例尺的显微照片（正交偏光加石英试板）。在图 161 上原来是三颗碱性长石（$K_1 K_2 K_3$）与黑鳞云母（上方）和石英（旁侧）交界处。这三颗碱性长石已被黑鳞云母 Bi 和石英 Q' 强烈交代，钾长石已被彻底交代掉，只剩下三副条纹钠长石骨架 $Ab_1 Ab_2 Ab_3$。在它们交界处，可见有对错交代钠长石 $Ab_1' Ab_2' Ab_3'$ 分布。对错交代钠长石与条纹钠长石骨架之间，有的已被新生黑鳞云母 Bi' 和新生石英 Q' 所占据。说明后两者应晚于对错交代钠长石 Ab'。根据残留条纹钠长石的分布和对错交代钠长石的位置，有可能用虚线大致圈出原先碱性长石的形态，以及原生黑鳞云母和交代生长黑鳞云母的大概分界。

图 162 表示有三颗黑鳞云母 Bi_1'，Bi_2' 和 Bi_3 搭界。在正交偏光下加石英试板后（图 163），在 Bi_1'，Bi_2' 中可见有条纹钠长石的残留，于是可判断 Bi_1'，Bi_2' 均为交代成因。而右侧的黑鳞云母 Bi_3，位于残留条纹钠长石范围之外，无条纹钠长石残留，仅半包裹自形钠长石，与石英界面平整搭界，不能判断为交代成因，有可能为原生成因。在图 164（为图 162 内方框放大）中，可见 Bi_1'，Bi_2' 交界处出现了对错交代产生的白云母 Ms_1'' 和 Ms_2''，而在 Bi_2' 与 Bi_3 交界处，有 Ms_3'' 单向地朝 Bi_2' 交代生长。由此可见，白云母化是在黑鳞云母化之后发生的。

交代成因的黑鳞云母 Bi' 与交代成因的石英 Q'，都是交代钾长石形成，但 Bi' 和 Q' 之间未见有交代包裹现象。它们是同时发生的，还是先后形成的，还难以确定。然而根据以下几点可以做出大致判断：

（1）石英与碱性长石的接触面远多于黑鳞云母与碱性长石的接触面。

（2）石英 Q' 化比黑鳞云母 Bi' 化发展快，数量多，可迅速达到碱性长石的内部各处（请看图 48、图 49）。

（3）Bi' 化出现在新生石英 Q' 强烈交代碱性长石（只剩条纹钠长石）的边部（图 49），被众多新生石英 Q' 包围（图 55）。

（4）仔细观察它们的接触界面，Q' 以弧形凸面朝向 Bi' 的界面占多数，剩下的少数界面是 Bi' 以尖峰指向 Q'，这跟 Q' 与条纹钠长石的接触界面相似（图 55）。

因此 Bi' 也可能是 Q' 的交代对象。黑鳞云母化只能局限于原生黑鳞云母与碱性长石直接接触部位。如果石英化发生得早，又进展得快，把钾长石都交代掉之后，恐怕就没有黑鳞云母化交代的对象了。这或许暗示黑鳞云母化有可能早于石英化。

3.6　碱交代岩中多次交代作用的先后顺序

以下所列的一些多次发生的叠加的交代现象都出现在甘肃芨岭由中粗粒斑状黑云母花岗岩经强烈钠交代作用转变而成的钠交代岩中。除原岩花岗岩中有的钾长石异方位蠕英石化、钠长石化，斜长石的绢云母化钠长石化和黑云母的绿泥石化外，钠交代岩中还发育有特殊的钾长石的同方位钠长石化、方解石化以及晚期钠长石化和更晚期的石英化等。根据这些矿物的交代结构和相互交接关系，可以判断出它们发生的先后顺序如下。

3.6.1　同方位钠长化（发生在早期异方位钠长石化之后）

钾长石的异方位钠长石化在原岩花岗岩中早已存在。而钾长石的同方位钠长石化，只是在后来局部发生的由原岩花岗岩转化而来的钠交代岩中才见到。从地质宏观角度观察，钾长石的同方位钠长石化显然应晚于钾长石的异方位钠长石化。从图165～图167可以看出，在几颗类似钾长石的交界处，有两排对错交代形成的钠长石。这些类似的钾长石原先确实曾经是钾长石，但目前已经彻底地同方位地转变成钠长石了。我们知道，异方位钠长石化主要是对钾长石进行交代，而不对钠长石进行交代，尤其不对整块状钠长石进行交代。如果那两颗钾长石先前已经同方位钠长石化转变为钠长石，那么就不能形成这两排对错交代的钠长石。只有在原先为两颗钾长石的情况下，才可形成两排对错交代钠长石。由此可以判断，异方位交代钠长石化，应早于同方位交代的钠长石化。这与一般地质判断相一致，因为异方位交代钠长石化，遍及整个岩体，为花岗岩浆侵入结晶成岩后不久，随即发生的岩浆期后交代作用所致，而同方位交代钠长石化作用的发生时间要晚得多，它发生在各期次酸性岩浆侵入之后的局部地段。说明它们显然不是同时发生的，同方位钠长石化明显晚于异方位钠长石化。

3.6.2　方解石化（交代石英和钾长石）（晚于同方位钠长石化）

在钠交代岩中，方解石化可以交代石英和钾长石，从而使方解石成为钠交代岩的主要造岩矿物之一。方解石强烈交代石英，使石英消失，成为钠交代岩的显著特征。在强烈钠化的钠交代岩中，同方位钠长石化可以交代钾长石，使钾长石整体地彻底转变为钠长石。那么，能否判断方解石化和同方位钠长石化这两个交代作用哪个早哪个晚呢？

从镜下观察得知，方解石化不触动整块状斜长石（钠长石），也不触动绿泥石（原黑云母）（图168）。所以，在方解石中众多凌乱散布的具有同一个光性方位的钠长石残留体的分布范围，原先应该是钾长石。

这些钠长石残留体全部是来自钾长石中的条纹钠长石吗？有没有来自同方位交代形成的钠长石呢？

如果这些钠长石残留体全是来自条纹钠长石，没有来自同方位钠化的钠长石，那就可以认为，此处在方解石化之前，还不曾发生同方位钠长石化。于是推测，方解石化应该早于同方位钠长石化。

如果除了条纹钠长石外，还有同方位钠化的钠长石，而且数量从少到多都有，那就可以认为，此处在方解石化之前，同方位钠长石化已经发生，且数量（强度）从少到多都有。由此可以判断，同方位钠长石化应早于方解石化。

所以，问题的关键在于从众多杂乱分布的钠长石残留体中，能否区分出属于条纹钠长石，还是属于同方位钠长石化的钠长石。

钾长石同方位钠长石化的钠长石和钾长石中的条纹钠长石在分布形态上（请参阅图70 ~ 图 74、图 78）确实是有些差别的。

当同方位钠化的钠长石呈群点状，或由层片合并扩展成团块状时，它们的形态还比较容易与条纹钠长石的相区分。

当同方位钠化的钠长石呈层片状时，与条纹状钠长石比较相像，但可以注意它们的以下特征，予以区别。

同方位钠长石化形成的钠长石单个层片沿（010）面发育，而条纹钠长石，主要沿（$\bar{6}01$），（$\bar{7}01$）或（$\overline{15}\,02$）面发育（图 78）。

在 ⊥(010) 切面（不显示钠长石双晶纹）上，同方位钠长石化形成的钠长石单个层片呈短柱状、柱状，其长方向与双晶纹平行，与 N_p 或 N_m 挨近，为负延长；而条纹钠长石的长方向与钠长石双晶纹垂直，与 N_g 挨近，为正延长。

在 //(010) 切面（钠长石双晶纹明显）上，同方位钠长石化形成的钠长石为无定形饼状；而条纹钠长石呈条纹状，其长方向与 N_m 挨近，其短方向与 N_p 接近，为正延长。

于是依据钾长石被方解石化残留的钠长石的分布形态，可以大致将条纹钠长石残留体和同方位交代而成的钠长石残留体区分开。现举几个实例如下：

图 169 方解石中分布有约略呈长条状展布的钠长石残留体，其延长方向为 $N_g{}'$，⊥ 钠长石的双晶结合面。于是可以推断，该钠长石有可能是条纹钠长石残留体。这样的残留体比较少见。

较多见的钠长石残留体，往往呈群点状散布，或者呈短柱状分布，与层片状相似。在 ⊥(010) 切面上钠长石短柱的延长方向非 $N_g{}'$ 而为 $N_p{}'$（图 170）[表示为沿（010）延长]，还有的呈团块状。这样的残留体应该不是属于条纹钠长石的，而是属于同方位交代形成的钠长石的。

既然有较多的钠长石残留体可以判断为钾长石同方位钠长石化所形成，于是可以作出推论，钾长石发生强烈的同方位钠长石化，应该早于方解石对钾长石的交代，即在钾长石发生了同方位钠长石化之后，才发生方解石化（交代石英和钾长石）的。

仔细观察薄片表明，方解石化在交代了石英之后，主要是对钾长石进行交代。

如果在方解石化之前，钾长石没有发生过同方位钠长石化，那么，方解石化交代钾长石之后，残留下的只是条纹钠长石。

如果在方解石化之前，钾长石仅发生过局部同方位钠长石化，那么，在钾长石被方解石化交代之后，残留下来的既有条纹钠长石，也有同方位钠长石化的钠长石。

如果在方解石化之前，钾长石已经强烈地同方位钠长石化而彻底转化为钠长石了，那么方解石化便不能交代已经同方位钠长石化的钠长石。正如图 165 所示。该图的上、下端都有整块状方解石出现，这些方解石是强烈交代了石英而成的。如果当时这三颗钾长石保持钾长石相，本来也可以被方解石交代的，但这里方解石却未触动（没有交代）它们，这就表明在方解石化（交代石英）之前，这里的钾长石已经彻底同方位钠长石化了。

图 171 表示在方解石强烈交代了原来两颗相邻的钾长石后，使其残余下两堆钠长石小

颗粒。在这两堆钠长石残留体交界处，可辨认出对错交代钠长石 Ab_2' 和 Ab_1'（正交偏光加石英试板后，可以看出）。从各堆钠长石约略显示的钠长石双晶估计，该切面大致垂直 (010)。各堆钠长石晶粒的延长方向都与各自的钠长石双晶结合面 (010) 平行，与 N_g' 大角度相交，为负延长，表明它们非条纹钠长石，而是同方位钠长石化层片状钠长石所残留。由此可以判断，异方位对错交代钠长石显然形成最早，后来经过很长一段时间发生钾长石的局部同方位钠长石化，此处因同方位钠长石化不够彻底，曾残留下一些钾长石，再之后才发生方解石化，把残留下的钾长石全部彻底地交代掉了，才造成现在这样的景观。

图 82 显示钾长石已经强烈地同方位钠长石化，但原生石英仍完好存在，未被方解石化交代。图 83 上的钾长石已完全彻底地同方位钠长石化，然而原生石英仍未遭方解石化。这都表明钾长石发生同方位钠长石化应早于方解石化。

茇岭地区的钠交代作用很强，在钠交代岩分布地段，钾长石普遍遭受强烈的同方位钠长石化，并且很快彻底地转变为同方位钠长石了，成为强钠交代岩。仅仅在不宽（<1m）的过渡带（花岗岩变为强钠交代岩）中剩下一些同方位钠长石化进行得不充分、不彻底的部分钾长石。而后来发生方解石化，先对石英进行强烈交代，把石英彻底交代掉，完全代替了石英的位置。之后方解石也可对钾长石交代，如果钾长石存在的话。使其留下凌乱的同方位钠化的钠长石和条纹钠长石的残留体。

幸亏有过渡带存在，即使是不宽的过渡带，在这过渡带中见到钾长石中出现从轻度（群点状）→中度（层片状）→重度（团块状）同方位钠长石化形成的钠长石，后者跟条纹钠长石在分布形态上存在一些可以鉴别的差别，方解石又交代了这过渡带中残存的钾长石，正好帮助我们判断出同方位钠长石化早于方解石化。如果不存在过渡带，即一进入钠交代岩，钾长石就都彻底地同方位钠长石化，变成棋盘状钠长石，而方解石化只能交代石英，不能交代已彻底同方位钠长石化的钠长石 [如图 165 上下的方解石 Cc 在交代了石英之后，不能再交代已经同方位钠长石化了的钠长石 K（Ab）]。这样，钾长石同方位钠长石化与方解石化的关系就难以弄清了。

3.6.3　晚期净边钠长石化（交代方解石）

在方解石化之后，还有过异方位交代钠长石化，表现在长石（不论是整块钾长石，钠长石，还是被方解石交代成残留体的钠长石）与方解石交界处，有比较干净的钠长石（净边）出现，它比早期净边钠长石（交代钾长石而形成）宽很多（图 172）。其宽度可达 200μm。它比早期净边钠长石的形成晚很多。

在方解石化强烈交代了钾长石剩下的同方位钠长石化的钠长石和条纹钠长石残留体（常显脏杂点）的周围与方解石交界处，形成晚期净边钠长石，使钠长石残留体形态发生了一些改变（变宽胖，变平整，显示晶形）（图 173）。

晚期净边钠长石的结晶方位，与其贴靠的残留钠长石（常显脏杂点）的一致，为交代了方解石而新生长出来的纯净的钠长石。由于方解石容易被钠长石完全交代，所以在晚期净边钠长石中不见有方解石的残留体存在。

3.6.4　钠长石微脉及脉壁纯净钠长石化（交代方解石）

在甘肃芨岭钠交代岩中，在岩石发生微碎裂的部位，还形成一些钠长石微脉，以不规则短线状穿切在中粗粒钠长石（原钾长石和斜长石）中和方解石中（图174，图175）。微脉中充填的钠长石因常含赤铁矿微尘粒而呈褐色。在穿切方解石的微脉（宽约 5 ~ 100μm）的两侧，从脉壁向方解石交代生长出纯净的钠长石晶粒，它与微脉内脏杂的钠长石方位一致，沿线状微脉两侧分布。其宽度往往大于微脉，大的可达150μm。使微脉加宽，脉壁崎岖不平，构成奇特景观（图176）。但穿切在中粗粒钠长石中的微脉钠长石方位与周围主晶钠长石一致，微脉两侧则无纯净钠长石生长现象。这时，钠长石微脉也容易被忽略，被忽视（图174）。

这晚期的钠长石微脉及其两侧钠长石化现象虽然细小，但据杜乐天、孙志富研究，它们的出现（及蠕虫状绿泥石发育）与铀矿化形成的关系比较密切。

虽然没有直接见到交代方解石所形成的晚期净边钠长石（即3.6.3节所述）与交代方解石所形成的钠长石微脉和随后在其脉壁生长的纯净钠长石（即3.6.4节所述）二者之间形成的先后关系，但鉴于岩石保持完整未碎时应早于其发生微碎裂时，故交代方解石所形成的晚期净边钠长石应该比穿切方解石形成的钠长石微脉和在其脉壁生长的纯净钠长石更早形成。

3.6.5　晚期石英化（交代方解石）

晚期钠长石化之后，热液从碱性变为酸性，发生了晚期石英 Q' 对方解石的交代作用（图177）。它仅出现在方解石分布范围，在晚期石英中可见含有被交代的方解石的残留体。晚期石英颗粒核部消光比较均匀，但边部常出现不均匀扇形消光（图178，图179）（这与原生石英受压后引起的波状消光不同）。有时还可具自形生长线（图180）。此外，晚期石英颗粒中有些可比原生石英小，含杂质较多，可含赤铁矿，含蠕虫状、球粒状绿泥石。但有时，以上所列这些特点不很明显，使原生石英和交代成因石英难以区分。

晚期石英在交代掉方解石后，与晚期净边钠长石搭界时，不触动晚期净边钠长石（图181）。

3.6.6　晚期石英中的钠长石微脉是交代残留物

图182 中有钠长石微脉穿切晚期石英。微脉宽仅<10 ~ 20μm，以含脏杂点为其特征。微脉的两壁长有纯净的钠长石，其宽度大于微脉，可达50μm。这岂不是说明在晚期石英之后，还有过一次更晚的微弱的钠长石微脉形成，并且还沿其脉壁的两侧发生过钠长石对石英的交代作用（即使是很微弱的交代）吗？

我们知道，异方位钠长石交代生长时，主要交代钾长石和方解石以及钾长石中所含的细微条纹钠长石，而难以交代较粗的条纹钠长石，不交代整块状斜长石（钠长石），更不会去交代整块石英。然而图182所显示的现象，正好与通常所见的相反，难道钠长石化也有交代石英的？

当晚期石英发生裂隙，有钠长石微脉渗入，那是有可能的。但从微脉两壁发生钠长石化向石英交代生长，就要打个问号了。因为据作者观察，钠长石化是难以交代石英的。

经仔细观察该岩石中发育有方解石化和晚期石英化的薄片后发现，在方解石中，脏杂的钠长石微脉的分布是连续的，没有发现中断现象，其两侧的纯钠长石晶体比较丰满（图175、图176）；然而在晚期石英中的钠长石微脉，虽然总体上是连续的，但局部会出现突然中断，或时断时续的现象，并且有些新生钠长石小颗粒的轮廓显得圆滑（图183）。

如果钠长石微脉确实晚于晚期石英，微脉应该保持连续，不应出现突然中断。当然，由于微脉细小，不可能始终连续不断，也会有自然尖灭现象。但自然尖灭和突然中断是不同的。在晚期石英中钠长石微脉显示的中断，应判断为不正常的突然中断。

作者认为，在晚期石英中的钠长石微脉出现突然中断现象，以及新生钠长石小颗粒的轮廓显得圆滑（呈溶蚀状），尽管也呈"穿切"状位于晚期石英之中，但实际上不是穿切石英的微脉，而是晚期石英交代方解石时，也对细小钠长石颗粒和微脉进行交代，使之呈溶蚀状，甚至被石英交代掉，于是造成突然中断现象。因此，图183显示的，不是切穿在石英的钠长石微脉，不是从微脉两壁生长出钠长石交代石英，而是原先穿切在方解石中的钠长石微脉和两壁交代了方解石而生长的钠长石晶粒被晚期石英化交代后剩下的残留体。

所以，通过显微镜下观察，可以确定甘肃苊岭钠交代岩中曾经发生过多次交代作用，从早到晚的先后6次的顺序为：

（1）钾长石遭受较弱的异方位蠕英石化和钠长石化，最早期发生，遍及整个岩体。

（2）同方位钠长石化，在花岗岩岩体的局部地段发生，形成带状、舌状分布钠交代岩。这是一次很强烈的钠交代作用，不仅使斜长石彻底地转化为钠长石，最明显的标志是使许多钾长石整体转变为同方位的棋盘状斑驳状钠长石或混浊状钠长石（图79、图80）。只是在钠长石化不够强烈的地方，残留一些未被同方位钠化的钾长石。

（3）异方位方解石化，基本上也在上述钠交代岩中发生。主要交代石英，也可交代钾长石。方解石化强烈时，石英全被交代掉，并使剩下的钾长石也被方解石交代（图60、图61），但方解石化难以交代钠长石，尤其是整块状钠长石。甚至石英被溶解离去形成空洞，形成溶离–充填结构（见3.7.2.4节）。

（4）晚期异方位钠长石化，局部交代方解石（图172、图173）。

（5）钠长石微脉（含众多杂质，穿切方解石）及脉壁钠长石交代生长（图174、图175），交代方解石。

（6）晚期异方位石英化，在钠交代岩范围内的部分地段，强烈交代方解石（图52、图177、图179）（包括少量交代钠长石微脉及脉壁生长的钠长石颗粒）。甚至使方解石溶离（见后3.7.2.4）。

图184从表面上看，为钾长石与石英搭界，在交界处有净边钠长石。仔细观察这颗钾长石，它还具有钾长石的面貌和形态，但消光位一致了（不再分钾长石的和条纹钠长石

的），其中已无条纹钠长石显示，说明它已彻底同方位钠长石化为假象钠长石。而石英，虽然有些像受过应力变形。然而净边钠长石出现在与石英的交界边上，极为异常。根据该地区钠交代岩经历的几次交代作用过程，可以推断，这里原本是钾长石和石英的交界处，当初不会有净边钠长石。后来钾长石发生强烈的同方位钠长石化，彻底转化为假象钠长石。之后，发生强烈的方解石化，把原生石英彻底交代掉，但未交代假象钠长石，造成方解石与假象钠长石搭界。后来，发生异方位钠长石化，在该交界处，形成较宽的净边钠长石。最后，交代溶液转为酸性，晚期石英 Q′彻底交代掉方解石，形成目前的景观。

或者还有另一个可能，即发生了溶离–充填，请看 3.7.2.4 节。

3.7　交代结构与非交代结构的区分

交代结构与其他非交代结构，尤其是岩浆结晶的原生结构，一般说来有差别，可以区分。但有时不好分辨，容易混淆。

有没有被交代矿物的残留体存在，应该是判断是否发生交代现象（无论同方位交代或异方位交代）的一个重要依据。若干个孤零的 B 矿物（具有一致的结晶方位的）位于较大的 A 矿物的包围之中，B 矿物是不是被 A 矿物交代了呢？

问题的关键在于被包裹的 B 矿物是否为被 A 矿物交代而留下的残留体。若干孤零的 B 矿物被 A 矿物包裹，还并不意味这些孤零的 B 矿物必定就是被 A 矿物交代的残留体，它们也有可能是由于别的原因造成的。

容易混淆的其他非交代结构也可以分为同方位的和异方位的两类。

3.7.1　同方位的非交代结构

主要是指长石类的，为钾长石和钠长石的亲密交生（Intimate intergrowths of K-feldspar with albite）组成一个矿物，它们具有一致的结晶方位。可以有以下几种形式。

3.7.1.1　条纹长石及反条纹长石

最为常见。尤其当条纹状钠长石呈脉状、或似脉状穿插在钾长石中时，的确很像钠长石同方位交代钾长石。但按作者意见，属于同时结晶成因，或者为固溶体分离成因。这在前面关于条纹长石成因一节中已经讨论过。

3.7.1.2　奥长环斑结构（rapakivi texture）

自形或浑圆状钾长石斑晶，外环了一圈斜长石（通常为奥长石）（图185）。奥长石与钾长石的结晶方位一致。

3.7.1.3　斜长石被钾长石环包或半环包

斜长石也可被钾长石半环状包裹，构成钾钠长石连生晶体（图187）。有时，自形斜长石（钠长石）也可以被钾长石成环状包裹，构成钾长环包斜长石现象（图186）。钾长石与斜长石的光性方位近似，表明它们结晶方位一致。

3.7.1.4　两种长石同方位不规则搭界

钾长石可同方位地贴靠斜长石（奥钠长石）结晶，与斜长石不规则搭界（图188）。造成同方位的奥钠长石似乎呈条纹状渗入到钾长石中。图189中，与同方位钾长石（微斜长石）搭界的斜长石中，还可见包含有同方位钾长石小块包裹体。这是酸性斜长石（钠奥长石）交代钾长石吗？还是钾长石与斜长石连晶呢？

3.7.1.5　似脉状钾长石位于斜长石中

最突出的例子是钾长石呈不规则似脉状，似乎穿插在斜长石（An_{20-50}）之中，两者的结晶方位一致，如图190（样品取自新疆哈密尾亚岩体角闪黑云花岗闪长岩）所示。这一现象很难用岩浆结晶正常包裹，或固溶体分离来解释，无疑容易被看做是钾长石以同方位交代斜长石的证据。然而作者还是有所怀疑。原因是这仅为薄片中遇到的个别现象。就在该薄片中可以常见到钾长石不很规则地包裹同方位斜长石（图191）和斜长石中含有同方位钾长石小块体（图190）的现象。如果图190显示的为钾长石同方位交代斜长石，那么在这斜长石中又包裹有同方位的钾长石小颗粒，是否变成是斜长石同方位交代钾长石了呢？作者认为，具有环带结构的中奥长石（An_{20-50}）不大可能是由于交代钾长石而成，同时，也很怀疑此"穿插状"钾长石为同方位交代环带状斜长石而成。作者认为可能是岩浆结晶时形成的钾钠长石连生晶（或称连晶）在个别切面上的表现而已。

钾钠长石连生晶以及条纹长石中的钾钠长石容易和钾长石发生同方位交代的钠长石化相混。只是它们在形态和产状上有些差别。钾钠长石连生晶和条纹长石的形态、分布和发育状况，在同一个岩石中、同一岩相带中、甚至整个岩体中比较普遍，比较近似。而钾长石发生同格架方位交代的钠长石化则呈群点状、层片状、团块状、堆状不均匀分布，并且出现突然，变化急速（从原状迅速彻底地变为同格架方位钠长石化的钠长石），并往往具有特征的棋盘状双晶（请参阅图70～图82）。

3.7.2　异方位的非交代结构

异方位的非交代结构是指由于同时结晶或其他特殊作用使不同种类的、不同方位矿物的交互生长（intergrowth）或紧密共生的结构。它很像交代作用形成的。它又可分为以下四种。

3.7.2.1　长石石英交生、共结结构

长石石英交生、共结结构（Intergrowth and cotectic texture of feldspar with quartz）通常发生在岩浆结晶到最后期，富含挥发分的残浆在快速过冷却时发生的碱性长石（多为钾长石，也有少数钠质斜长石）与石英交互生长（简称交生）结晶作用，致使这两矿物的交

界面十分曲折，形成崎岖多变的边界，构成文象（graphic）结构（图 192）、显微文象（micrographic）结构、花斑（granophyric）结构（图 193），其共同特征是在长石晶体中的石英成许多长条状、树枝状嵌晶或显微嵌晶，并且它们可以具有一组或几组结晶方位（且可与其外的正常石英晶粒结晶方位一致）。

　　显微文象结构因石英的形态特别，呈象形文字状或系列的弯钩状，容易跟交代结构相区分。但如果花斑结构中的石英呈圆粒状、蠕虫状，即若干（众多）较小的石英晶粒呈圆粒状、蠕虫状位于钾长石颗粒中（图 192 ~ 图 194），这些石英圆粒还具有一致的或几组一致的结晶方位（图 195、图 196），便容易被误认为是"钾长石交代了石英"。或者反过来，认为是石英交代了钾长石，称之为"交代穿孔结构"。实际上，据作者经验，钾长石化确实可以异方位交代钾长石，也可以异方位局部交代斜长石，但不会、不可能交代石英（见1.1.2 节）；石英化倒是可以交代钾长石的，石英化可以不规则地交代钾长石（图 48 ~ 图51），但它不会呈"穿孔状"交代。作者以为"穿孔状"交代仅为臆断。花斑结构仍属显微文象结构，或称显微共结结构。

　　图 197 显示钾长条纹长石呈楔形、弯钩状"残留体"位于石英中。石英多于长石。据作者经验，这种现象不像是石英交代了长石。如果是石英交代条纹长石（请参阅图 48 ~图 51），由于钾长石优先易被交代，应该出现钾钠长石被交代分离开，并且明显更多地残留条纹钠长石，而不至于条纹长石作为整体（钾长石和钠长石）程度一致地被残留下来，尤其让细小条状的钾长石还残留着，这与石英交代规律不甚相符。所以可能非石英交代所残留，而是石英与条纹长石共结所致。

　　图 198 表示钾长石呈填隙状或枝杈状与自形程度较高石英交界。这种现象常被当做钾长石交代石英的依据。如果是沿近石英一侧切薄片，于是一些同方位钾长石小颗粒落在石英中，就会产生石英交代钾长石的印象。实际上，这里既不是钾长石交代石英，也不是石英交代钾长石，而是钾长石与石英接近共结时出现的结构（作者认为至今尚无确凿可靠的证据表明钾长石可以交代石英）。

3.7.2.2　间接（继承）交代结构

　　指 A 矿物交代 B 矿物，在 A 矿物中有 B 矿物的残留体。后来又发生 C 矿物交代（或局部交代）A 矿物现象，使前一次交代矿物 A 中交代残留的 B 残留体出现在后一次交代矿物 C 中，造成似乎 C 矿物也是交代 B 矿物的假象，实际上 C 矿物并未交代 B 矿物，也可以说 C 矿物是间接（继承）交代 B 矿物。如果不是全面地仔细地观察的话，很容易做出错误的判断。

　　如图 199，图中方解石以不规则枝杈状包裹若干同方位石英颗粒，为方解石交代石英。另外，在斜长石（已绢云母化转变为钠长石）的外缘，环绕纯净钠长石（无绢云母化）中包含着若干方位一致的石英圆粒。这一现象不是"有力地"说明钠长石交代了石英吗？这不是与钠长石不能交代石英相矛盾吗？

　　遇到这种现象是需要认真对待的。就在这同一个薄片中，斜长石与石英交界处很多，斜长石靠石英的很多边缘一般都没有见钠长石交代石英的现象。在这许多斜长石靠石英边界处没有方解石化（交代石英）现象，或方解石化很不发育（图200）。但是当方解石呈不规则网状交代石英现象出现在斜长石与石英交界边时，界面就显得复杂化了（图201），就有钠长石沿斜长石外缘不规则生长，且有不规则枝杈状包裹石英的现象出现了（图202）。鉴于在方解石化交代石英之后，确实有一次钠长石交代方解石的作用过程，另外，经过反复观察，斜长石和石英的交界处方解石化的存在与否，与钠长石交代生长与否，确实紧密相关。这就是说，表面上像是钠长石"交代"了石英（钠长石交代生长的宽度约 < 0.3mm），其实质是钠长石交代了方解石。钠长石交代方解石很容易，钠长石交代生长的宽度明显大于交代钾长石的净边钠长石的宽度（图172）。于是，钠长石交代方解石时，把方解石不规则枝杈状交代石英时留下的石英残留体都留了下来。因此，这里展现的现象，并不是钠长石交代了石英（事实上钠长石恰恰不能交代石英），而是钠长石交代了方解石，结果部分继承了方解石的位置，于是构成了钠长石似乎也可交代石英的假象。如果单凭图199表现的现象，很容易作出钠长石化可以交代石英的误判。实际上，这只是间接（继承）交代现象。

3.7.2.3　粗蠕英石结构

粗蠕英石（Coarse myrmekite）指若干蠕虫状石英比较粗大，呈椭圆形或不定形圆滑粒状，位于斜长石中（图122）。若干个粒状石英又具有共同的结晶方位，像是石英被斜长石交代而留下的残余体。其实是在含钙质较高的钠质热液局部溶解钾长石而形成斜长石的交代过程中，由于被交代、被溶解的钾长石中所含的 SiO_2 比要交代形成的斜长石中含的高，即从钾长石中溶解出来的 SiO_2 用于形成的斜长石外，还有 SiO_2 的多余，多余的 SiO_2 没有移去，在交代形成的斜长石中析出而成蠕虫状石英。故蠕英石（无论粗细）都是出现在钾长石的旁侧，占据的是原来钾长石的位置。

3.7.2.4　溶离-充填作用造成的结构

溶离-充填作用是指外来热液进入岩石后使其中某种矿物发生局部直至全部溶解，被溶解的矿物离去后出现了明显自由空间（空洞），之后，在此生长出新生矿物，充填了此空间。对于花岗岩来说，溶解的矿物主要是石英，也还有一部分钾长石在内。后来在此沉淀结晶的矿物不仅仅是一种，可以有多种。新形成的矿物，尤其是早结束结晶的可具自形晶，或内部可能具自形生长线（纹）。在溶离-充填作用过程中，岩石可基本保持固态和原先的体积，或者因抗压强度降低而发生微碎裂，体积或许略有缩小。

最常见的溶离-充填作用见于花岗岩中的碱交代岩中。在法国文献中称碱交代岩为变正长岩（episyenite）。花岗岩遭受碱交代岩化作用时，首先斜长石转变为钠长石，接着钾长石也改造转变为棋盘状钠长石，经常伴有云雾状赤铁矿化，使长石染成红色。其主要特征是钠长石化，石英消失，在空洞中沉淀出后来形成的自生矿物如钠长石、钾长石、绿泥石、方解石、白云母、石英、黄铁矿、锐钛矿、Nb-Ti-Y 氧化物等。鉴于欧洲、中国、北美等地都发现有些热液铀矿与这种碱交代岩发育的时间空间关系比较密切，从而引起重视。

以中国北方甘肃芨岭中粗粒斑状花岗岩中的碱交代岩为例，溶离–充填作用可形成两种结结构：崩塌结构和充填结构。

1. 崩塌结构

甘肃芨岭花岗岩为中粗粒斑状黑云母花岗岩（图 203），在热液作用下，岩石中某些矿物，例如石英，因溶解离去而出现空洞。在围压作用下，空洞周围岩石发生局部碎裂崩塌，充塞其间（图 204），碎裂矿物空隙被热液矿物（如方解石）充填胶结（图 205）。崩塌的范围应该比溶离矿物的空间为大。

斜长石碎粒主要为略显绢云母化的斜长石（已转变为钠长石），其边缘可生长无绢云母化的纯净钠长石。这些碎裂状绢云母化的钠长石（原斜长石）、假象绿泥石和填隙状方解石尽管大体上代替了石英的位置，但都不是交代石英所致。

2. 充填结构

如果空洞仅仅由一种矿物充填，例如方解石充填，则这样的溶离–充填结构与方解石彻底交代石英所形成的结构在普通岩石显微镜下观察完全一致，不显示差别，无从区分。

方解石充填之后，可以有新生纯净的钠长石向方解石交代生长（图 172、图 173、图 174、图 175）。再后来，方解石还可以被晚期石英所交代（图 210）。残剩下鲕状绿泥石（图 211）和钠长石（图 177、图 181、图 184）。

有时见有几颗纯钠长石（无绢云母化）成堆生长在一处（在图 206 中虚线圈定的范围），其背后贴靠有同方位的轻微绢云母化斜长石。纯钠长石所占的是原生石英的位置，很像是它们交代了石英。然而石英不可能被钠长石交代。这些纯钠长石的成因可能有：在原生石英溶解离去后的空洞中充填形成，或者是石英先被方解石彻底交代，后来钠长石又彻底交代了方解石而成。

甘肃芨岭花岗岩中钠交代岩中常见由含梭状赤铁矿（长 0.1 ~ 1mm），含鲕状绿泥石（鲕粒直径 10 ~ 140μm），有时还含自形锐钛矿（0.3 ~ 1mm）的方解石，即由一套矿物组合替代原石英的位置，作者认为应该属于溶离–充填作用所造成（图 207 ~ 图 209）。

当溶解旧矿物的能力超过沉淀结晶新矿物的能力时，便发生先溶离–后充填的现象。因此，溶离–充填现象往往是紧密伴随交代出现的。如果充填矿物不足以填满空洞，这样的溶离–充填结构是容易识别的。如果充填矿物完全填满空洞，就未必能够明确地区分是交代还是溶离–充填。

前面图 184 所显示的现象，或许可能经历过溶解–充填的过程，即原生石英可能被溶解移去，方解石在此洞中充填，之后，也可能被溶解移去，最后是晚期石英在此空洞中充填。总体上，净边钠长石可能为交代（方解石）形成，但其上部所显示的自形状，像是在空洞中自由生长成的。

阴极发光图像或许有助于区分方解石是交代成因的还是充填成因的。充填成因的方解石内部有时可显示自形生长线（图 212），交代成因的则没有（图 213）。然而阴极发光图像未必都能明确地显示。

　　许多研究者认为石英的淋失是紧接在钠长石化之后发生的。他们根据流体包裹体研究，认为一种低中盐度的热液与深循环的大气水混合，可以渗入到微碎裂的花岗岩中。在低压（0.3 ~ 1.5kbar）、突然降温（450 ~ 250℃）和氧逸度较高的条件下，这种溶液可以将石英溶解掉（Cathelineau，1986；René，2005；Ahmadipour et al.，2012）。

　　据作者镜下观察，在长石（钾长石和斜长石）都已经彻底同方位钠长石化了的岩石中，见还有原生石英存在（图81）。这说明，去石英化应该发生在长石彻底同方位钠长石化之后。此外，至今未确定钠长石化可以交代石英。因此，说钠长石化直接导致去石英化是很有疑问的。然而，石英（以及钾长石）确实可被中等碱度沉淀的方解石所交代（图166、图167、图168、图169）。而方解石，也确实容易被后期钠长石所交代（图170、图171），也可以被后来新形成的石英所交代。

　　溶离–充填作用或许可以当做一种强化了的交代作用。

　　以上几种现象都容易与交代结构相混淆。从总体上观察、对比、分析、鉴别造岩矿物之间的接触关系，或许有助于排除一些非交代成因的结构，以确定真正属于异方位交代或同方位交代的结构。

结　束　语

本书讨论的交代结构和现象，都是在岩浆结晶成岩后发生的。岩石在保持完整情况下，因经受新的物理化学环境，在一定温压下，有某种成分的热液流体渗入到致密的岩石中，致使某些原生矿物不稳定，而被新生的较稳定的矿物所替代，于是发生新矿物对旧矿物的交代现象。高侵位未形变花岗岩的原始结构为岩浆结构，在交代作用发生之际和之后，岩石未曾发生过明显破碎和重结晶作用，所以花岗岩结构主要由岩浆结构叠加上局部交代结构组成。辨认出交代结构，剩下的便为岩浆结构。确定了交代矿物，其余的便是岩浆矿物了。

根据被交代矿物与交代矿物结晶方位的异同，作者划分了异方位交代和同方位交代两种类型。大部分矿物交代属于异方位交代类型，而同方位交代类型只能发生在同类矿物或结晶格架类似的矿物之间。

在两颗不同方位（异方位）的矿物颗粒之间的交界面必有细微空隙存在，使热液得以渗入，界面一侧矿物可以被热液局部溶解（被交代）；另一侧矿物为交代矿物的同类或相似类矿物，可以作为交代矿物生长的结晶中心或结晶生长的基础。交代生长的矿物的结晶方位必定不同于前方被交代矿物，却与其后方贴靠的同类矿物一致，故称为异方位交代。溶解-沉淀（结晶）为其主要形成机理。随着一侧旧矿物的局部溶解，新矿物便随即在另一侧沉淀（晶出）。细微空隙、热液渗入、一侧矿物可被交代、另一侧矿物可贴靠生长这四个为必须同时具备的条件。缺少其中的任何一个，异方位交代便难以发生。如果另一侧没有与交代矿物同类的矿物，则难以发生交代生长，除非存在杂质，可以作为交代矿物结晶生长的基础，才可能发生异方位交代生长。成核中心或基础可以是杂质，这是指没有与交代矿物同类的矿物存在的话（如发生方解石化）。但当有交代矿物同类矿物存在时，必以其同类矿物（而不以杂质）为成核中心。

属于异方位交代类型的，有净边钠长石、粒间钠长石、蠕英石、新生钾长石以及新生石英、白云母、绿柱石、方解石、黄铁矿等矿物的交代，它们主要是对钾长石矿物进行交代。新生钾长石化也有对斜长石（钠长石）优先交代的，方解石化则先对石英优先交代，后对钾长石交代。

同方位交代是指交代矿物与被交代矿物的结晶方位相同或近似。对层状硅酸盐矿物，外来热气液沿矿物解理渗入，可能以离子交换方式，使原层状矿物转变为同方位的新矿物。如黑云母的同方位的白云母化，绿泥石化。对架状硅酸盐的长石类矿物（以及磷酸盐类矿物），推测外来热气液使原矿物产生或增加众多显微空洞，渗入其中的气液使其不稳定而溶解，生长出稳定的同类同方位矿物。斜长石容易形成同方位钠长石化，钾长石则不易发生同方位钠长石化。关于长石类矿物的同方位交代的机理，尤其是钾长石的同方位钠长石化，还很不了解，有待于研究查明。

确定各矿物（被交代矿物及其残留体、交代生长矿物和贴靠生长的同类矿物）之间的结晶方位是否一致，对辨认矿物之间的交代现象是很重要的。使用岩石显微镜在正交偏光下观察时，尤其当矿物的重折射率都较低，干涉色较接近时，插上石英试板，缓慢旋转载物台，常能以鲜艳的干涉色分辨和判断矿物光性方位一致还是不一致，这对确定矿物之间的交代关系，显然是很有帮助的鉴别手段。

可以有依据地判断，锂氟花岗岩中的细小糖粒状、叶片状钠长石不是以"杂乱无章"的方式交代形成，而属原生成因。

蠕英石为含钙的钠质热液交代钾长石而形成的新生的斜长石。由于钾长石所含的 SiO_2 总比形成的斜长石所需要的 SiO_2 高，多余的 SiO_2 成分析出形成石英，于是在新生斜长石中形成蠕虫状石英。

条纹状钠长石从形态上看很像是交代成因。然而却很可能是同时结晶或固溶体分离（离溶）所致。较粗而不很规则但大体呈平行 [沿（$\overline{15}02$），即 Murchison 面] 分布的有可能为同时结晶形成。细而密集整齐平行分布的薄片状条纹钠长石很可能为固溶体分离成因。火焰状条纹钠长石或许与裂开贯入交代有关。晚期以同方位交代钾长石而形成的棋盘状钠长石化不像条纹钠长石那样的主要沿（$\overline{15}02$）面分布，而是从群点状开始，呈层片状 [沿（010）面] 发育，迅速发展到团块状、堆状，直到整体。所以，在主矿物中有客晶矿物定向分布或成环带状包裹的，其成因需要仔细研究，予以分辨。

斜长石很容易遭受同方位钠长石化，但难以被异方位钠长石化。钾长石则相反，很容易遭受异方位钠长石化，却不易被同方位钠长石化。对于钾长石的钠长石化来说，遭受异方位钠长石化强烈的，其同方位钠长石化并未出现（发生）；反过来，遭受后来同方位钠长石化很强烈的，其原先发生的异方位钠长石化却没有得到显著增强。表明这两种钠长石化的形成条件和环境不同，或者很不一样。尽管目前我们还不了解它们的形成条件和环境如何不同，但把钠长石化划分为异方位的和同方位的两类，显然是恰当的和必要的。它们的形成条件和环境值得今后注意研究。

是否确实有交代残留体存在是判断交代的关键。但需要与共结现象，正常包裹现象等区分开。也要注意区分是这一次交代作用残留的，还是上一次交代作用残留的、而被这一次交代继承下来的。

经受改造的岩石中可能发生过多种交代作用，它们往往不是同时发生，而是先后叠加的。按照交代生长规律，辨别交代矿物与被交代矿物之间交接关系，有可能帮助我们分析了解交代作用先后发生的历史进程。

溶离–充填作用从严格意义上不属于交代作用，但它与强烈交代作用密切相伴。

薄片有它的局限性，个别切面上看到的矿物之间的包裹关系，会给人以虚假印象。所以，应该避免停留在所见的个别现象上，而注意观察薄片中的大多数现象，要以大多数现象为依据。只有在众多任意切面中或者在同一个薄片上看到此类现象频繁出现，具有可重复性，才能相信它是真实的、客观存在的，方可作为依据，得出比较真实可靠的认识和判断。

由于作者经历有限，对很多现象了解不够，更缺乏深入研究。本书所提出的一些粗浅认识，未必都能符合实际，有不恰当之处，欢迎读者批评指正。

致　谢

感谢北京铀矿地质研究院领导、同仁对作者的鼓励和支持。向数年来一直提供显微镜和摄影设备并给予经费上支援的地质中心和广东省佛山地质局（2002年免费提供车辆赴野外补充采集样品）表示深切的感谢。向鼓励并表示愿意提供经费资助的沈其韩院士、杜乐天研究员表示深切的谢意。向给予关心、支持和帮助的黄世杰、周维勋、郭曰恒、伍家善、范洪海、何建国、林锦荣、李建中、万天丰、吴福元等研究员表示由衷的谢忱。在工作中，我院王椟庭、孙志富、黄志章、方锡珩、王文广、谢佑新、蔡根庆、李秀珍等研究员常和作者进行镜下观察、交流和讨论，谨向他们和经常帮助作者学习应用计算机技术的李月湘研究员、陈东欢、徐浩、孙远强工程师表示衷心感谢。感谢孟艳宁工程师帮助修改图件和翻译部分文稿。感谢袁玲玲副译审对本书英文译稿做了校对。衷心感谢於崇文院士、游振东、邱家骧、周询若、孙善平、路凤香、伍家善、洪大卫等教授、研究员和刘永顺副教授审阅本书稿，并提出宝贵意见。

美国加州州立大学北岭分校的退休教授 Collins Lorence 对花岗岩中的交代现象，尤其对蠕英石成因有深入的研究和独到的见解。作者戎嘉树于1987年在广州参加国际花岗岩成矿讨论会时，曾散发过一份有关花岗岩交代结构的短文，经美国学者传递，才开始和 Collins 教授交往。尽管他和戎在一些问题上看法不同，但他表示，不仅愿与意见相同的，还愿意与意见不一致的同行进行交流。于是戎和他保持真诚坦率的通信来往，交换意见。2002年在他鼓励下，戎先后撰写了两篇短文，经他修改，登载在他的网页（http://www.csun.edu/vcgeo005/MYRMEKITE AND METASOMATIC GRANITE, ISSN 1526-5757）上。2006年戎利用赴美探亲的机会（在儿子胜文陪同下）赴他家与他会面，他还带作者去野外 Temecula 实地考察，并就感兴趣的薄片共同作了镜下观察和讨论。2008年年底，戎撰写了本书的前稿 "Two patterns of monomineral replacement in granites"，经 Collins 教授审阅、修改和大力帮助，于2009年5月登在他的网页上。以上三篇论文后来制作成 PDF，为 Nr45Rong1. pdf, Nr46Rong2. pdf 和 Nr55Rong3. pdf。本书的英文文稿寄给 Collins 审阅，又蒙 Collins 教授予以悉心修改。对于 Collins 先生给予的无私坦诚的、全力以赴的支持和帮助，作者谨向他致以最真切的谢意。

本书完稿后，承蒙中国地质科学院沈其韩院士、中国地质大学（武汉）游振东教授和核工业北京地质研究院杜乐天研究员审阅并作序，又承蒙沈其韩院士、中国科学院地质与地球物理研究所翟明国院士、中国地质大学（北京）莫宣学院士写推荐信，建议国家科学技术学术著作出版基金资助出版。作者十分感谢施普林格（Springer）出版社于2016年出版本书的英文版（Metasomatic Textures in Granites），也十分感谢国家科学技术学术著作出版基金资助出版本书的中文版。感谢科学出版社地质分社社长韩鹏、王运编辑和施普林格出版社樊丽彬编辑的积极帮助和辛勤工作。

参 考 文 献

白宜真 . 1986. 北京大庄科花岗岩岩体中钾长石巨斑晶的岩浆结晶成因特征 . 河北地质学院学报, 9 （2）：
　　123-133

常丽华, 曹林, 高福红 . 2009. 火成岩鉴定手册 . 北京：地质出版社

陈曼云, 金巍, 郑常青 . 2009. 变质岩鉴定手册 . 北京：地质出版社

程裕洪, 沈其韩, 刘国辉等 . 1963. 变质岩的一些基本问题和工作方法 . 北京：科学出版社

董申保, 贺高品 . 1987. 花岗质岩石的交代结构构造及其成因意义 . 中国地质科学院院报, 16：71-79

杜乐天 . 1996. 烃碱流体地球化学原理——重论热液作用和岩浆作用 . 北京：科学出版社

杜少华, 黄蕴慧 . 1984. 香花岭岩的研究 . 中国科学 （B 辑）, （11）：1039-1047

贺同兴, 卢良兆, 李树勋等 . 1980. 变质岩岩石学 . 北京：地质出版社

洪文兴 . 1975. 我国若干 Ta, Nb 稀土花岗岩的特征及某些成矿条件的讨论 . 见：全国稀有元素会议论文
　　集 （第一集）. 北京：科学出版社：50-62

胡受奚 . 1975. 钠质和钾质系列火成岩和碱质交代作用对稀有元素的成矿专属性 . 见：全国稀有元素会
　　议论文集 （第一集）. 北京：科学出版社：91-94

胡受奚 . 1980. 交代蚀变岩岩相学 （岩石薄片研究指导）. 北京：地质出版社

胡受奚, 叶瑛, 方长泉 . 2004. 交代蚀变岩岩石学及其找矿意义 . 北京：地质出版社

李小伟, 莫宣学, 赵志丹等 . 2010. 花岗岩中钾长石巨晶成因研究进展 . 矿物岩石地球化学通报,
　　29 （2）：210-215

李子颖, 黄志章, 李秀珍等 . 2010. 南岭贵东岩浆岩与铀成矿作用显微图册 . 北京：地质出版社

李子颖, 黄志章, 李秀珍等 . 2014. 相山火成岩与铀成矿作用显微图册 . 北京：地质出版社

刘昌实 . 1993. 赣东南含黄玉花岗岩岩石的成因探讨 . 大地构造与成矿学, 17 （1）：39-51

刘义茂, 李华梅, 林德松等 . 1975. 我国内生稀有元素矿床的空间分布特征 . 见：全国稀有元素地质会
　　议论文集 . 北京：科学出版社：1-23

路凤香, 桑隆康, 邬金华等 . 2002. 岩石学 . 北京：地质出版社

马昌前, 王人镜 . 1990. 北京周口店岩体中钾长石巨晶的特征及成因 . 矿物学报, 10 （4）：323-331

梅森 （Mason R.）. 2007. 变质地质学 . 北京：地质出版社

南京大学地质系 . 1981. 华南不同时代花岗岩类及其与成矿关系 . 北京：科学出版社

南岭区域地质测量大队 . 1959. 南岭侵入岩初步综合研究报告 . 北京：地质出版社

戎嘉树 . 1982. 花岗岩矿物交代现象的镜下研究 . 岩石学研究 （第一辑）. 北京：地质出版社：96-109

戎嘉树 . 1992. 蠕英石的成因 . 岩石矿物学杂志, 11 （4）：324-331

孙涛, 陈培荣, 周新民等 . 2002. 南岭东段强过铝质花岗岩中白云母研究 . 地质论评, 48 （5）：518-525

汪相, 王志成, 汪传胜 . 2007. 若干补体花岗岩——锆石学特征及其成岩模式探讨 . 见：周新民 . 南岭地
　　区晚中生代花岗岩成因与岩石圈动力学演化 . 北京：科学出版社：658-691

王德孚 . 1975. 关于我国稀有元素矿化花岗岩的分类和矿化成因问题 . 见：全国稀有元素会议论文集
　　（第一集）. 北京：科学出版社：63-66

王德滋, 刘昌实, 沈渭洲等 . 1994. 浙江泰顺洋滨黄玉斑岩地球化学特征和成因 . 地球化学, （2）：
　　115-123

王联魁等 . 1970. 关于稀有元素矿化花岗岩大会总结报告 . 见：全国稀有元素地质会议论文集 . 北京：科

学出版社

王联魁，黄智龙．2000. Li-F 花岗岩液态分离与实验．北京：科学出版社

王仁民．1989. 变质岩岩石学．北京：地质出版社

王志华，刘瑞．2009. 碱性长石中的微孔及微裂隙特征研究．矿物岩石地球化学通报，28（2）：143-146

王忠刚，于学元，赵振华等．1989. 稀有元素地球化学．北京：科学出版社

武汉地质学院岩石教研室．1980. 岩浆岩岩石学．北京：地质出版社

夏宏远，梁书艺．1991. 华南钨锡稀有金属花岗岩矿床成因系列．北京：科学出版社

夏卫华，章锦统，冯志文等．1989. 南岭花岗岩岩型稀有金属矿床地质．武汉：中国地质大学出版社

徐启东．1989. 广西栗木稀有金属花岗岩中长石的成因与意义．矿物岩石，（1）：15-24

徐夕生，邱检生．2010. 火成岩岩石学．北京：科学出版社

徐夕生，周新民，王德滋．2002. 花岗岩中的钾长石巨晶——以南岭佛岗花岗质杂岩体中微斜长石巨晶为例．高校地质学报，8（2）：121-128

游振东，钟增球，汤中道等．1996. 混合岩中斜长石的交代净边结构和倒转双晶研究——以大别罗田黄土岭长英片麻岩为例．地球科学，21（5）：513-518

袁忠信，白鸽，杨岳情．1987. 稀有金属花岗岩型矿床成因讨论．矿床地质，（1）：88-94

张树业，刘如曦，常丽华等．1982. 火成岩结构构造图册．北京：地质出版社

章邦桐，吴俊奇，凌洪飞等．2010. 花岗岩中原生与次生白云母的鉴别特征及其地质意义——以赣南富城过铝质花岗岩体为例．岩石矿物学杂志，29（3）：225-234

章锦统，夏卫华．1985. 松树岗 W，Sn，Nb，Ta 矿床地质和成矿机理的初步研究．见：南岭地质矿产文集（第一辑）．北京：地质出版社：145-148

朱金初，刘伟新，周凤英．1992. 香花岭翁岗岩．见：南京大学金属矿床国家重点实验室年报．南京：南京大学出版社：12-19

朱金初，饶冰，熊小林等．2002. 富锂氟含稀有矿化花岗质岩石的对比和成因思考．地球化学，31（2）：141-152

Ahmadipour H, Rostamizadeh G. 2012. Geochemical Aspects of Na-Metasomatism in Sargaz Granitic Intrusion (South of Kerman Province, Iran). *Journal of Sciences, Islamic Republic of Iran*, 23（1）：45-58

Alexander G B, Heston W M, Iler H K. 1954. The solubility of amorphous silica in water. *Jour Phys Chem*, 58：453-455

Alling H L. 1938. Protonic perthites. *J Geol*, 46：142-165

Althaus E K. 1970. An experimental re-examination of the upper stability limit of muscovite plus quartz. *Neus Jahrb Mineral Monatsh*, 325-336

Andersen O. 1928. The genesis of some types of feldspar from granitic pegmatites. *NGT*, 10：116-207

Ashworth J R. 1972. Myrmekite of exsolution and replacement origins. *GM*, 109：45-62

Aubert G, Burnol L. 1964. Observations sur les mineralisations en beryllium du massif granitique d'Echassiers decouverte de herderite. *Academie des Sience (Paris) Comptes Rendus*, 258：273-276

Augustithis S S. 1973. Atlas of the textural patterns of granites, gneisses and associated rock types. *Elsevier, Amsterdam*：447

Banes J O, Amourc M. 1984. Biotite chloritization by interlayer brucitization as seen by HRTEM. *American Mineralogist*, 69：869-871

Barker D S. 1970. Compositions of granophyres, myrmekite, and graphyic granite. *Bull Geol Soc Am*, 81：3339-3350

Becke F. 1908. Über Myrmekit. *Tschermaks Mineral Petrogr Mit*, 27: 377-390

Behrmann J H. 1985. Crystal plasticity and superplasticity in quartzite: a natural example. *Tectonophysics*, 115: 101-129

Beus A A, Severov E A, Sitnin A A, et al. 1962. Albitized and greisenized granites (apogranites). *Nauka, Moscow* (in Russian): 1-196

Bøggild O B. 1924. On the laboradorization of the feldspars. *K. Dansk vidensk selsk Mat-Fys Meddel*, 6 (3): 1-79

Borodina N S, Fershtater C B. 1988. Composition and nature of muscovite in granites. *International Geology Review*, 30 (4): 375-381

Brown W L, Parsons I. 1993. Storage and release of elastic strain energy: the driving force for low temperature reactivity and alteration in alkali feldspars. In: Boland J N, Fitzgerald J (eds.). Defects and Processes in the Solid State: *Geoscience Applications*. Elsevier: 267-290

Bugge C. 1922. Statens apatitdrift i rationeringstiden. *Norges Geologiske Undersøkelse*, 110: 1-34

Burnham C W, Davis N F. 1971. The role of H_2O in silicate melt: I. P-V-T relations in the system $NaAlSi_3O_8$-H_2O to 10 kilobars and 1000℃. *Am J Sci*, 270: 54-79

Burnham C W, Davis N F. 1974. The role of H_2O in silicate melt: II. Thermodynamic and phase relations to the system $NaAlSi_3O_8$-H_2O to 10 kilobars and 1000℃. *Am J Sci*, 274: 902-940

Burnol L. 1974. Geochimie du beryllium et types de concentration dans les leucogranites du massif central francais. *Bureau de Recherches Geologiques et Minieres Memoires*, 85: 137-168

Cahn. 1968. Spinodal decomposition. *Transactions of Metallurgical Society of AIME*, 242: 166-180

Carmichael D M. 1986. Induced stress and secondary mass transfer: thermodynamic basis for the tendency toward constant-volume constraint in diffusion metasomatism. In: Halverson H C (ed.). Chemical Transport in Metasomatic Processes. *Nat ASI Series C*, 218: 237-264

Carstens H. 1967. Exsolution in ternary feldspars: (II) Intergranular precipitation in alkali feldspar containing calcium in solid solution. *Beitr Mineral Petrog*, 14: 316-320

Cathelineau M. 1986. The hydrothermal alkali metasomatism effects on granitic rocks: quartz dissolution and related subsolidus changes. *J Petrol*, 27: 945-965

Cesare B, Marchesi C, Connolly J A D. 2002. Growth of myrmekite coronas by contact metamorphism of granitic mylonites in the aureole of Cima di Vila, Eastern Alps, Italy. *Journal of Metamorphic Geology*, 20 (1): 203-213

Cheng Y Q. 1942. A Hornblendic Complex, Including Appinitic Types, in the Migmatite Area of North Sutherland, Scotland. *Proceedings of Geologist Association*, 53 (2): 67-85

Collins L G. 1988. Hydrothermal differentiation and myrmekite: a clue to many geologic puzzles. *Theophrastus Publications*

Collins L G. 1998. Metasomatic origin of the Cooma Complex in southeastern Australia: Myrmekite, ISSN 1526-5757, electronic Internet publication: http: //www. csun. edu/ ~ vcgeo005/Nr27Cooma. pdf

Collins L G. 1998. Exsolution vermicular perthite and myrmekitic mesoperthite. Nr32Perthite. pdf

Collins L G, Collins B J. 2002. K-metasomatism and the origin of Ba- and inclusion-zoned orthoclase megacrysts in the Papoose Flat pluton, Inyo Mountains, California, USA, Myrmekite, ISSN 1526-5757, electronic Internet publication: http: //www. csun. edu/ ~ vcgeo005/Nr44Papoose. pdf

Correns C G. 1950. Zur Geochemie der Diagenese. I. Das Verhalten von $CaCO_3$ and SiO_2. *Geochim Cosmochim*

Acta, 1: 49-54

Cuney M, Autran A, Bornal L. 1985. Premieres resultats apportes par le sondage GPF de 900m realise sur le granite sodolithique et fluore a mineralization disseminee de Beauvoir, Chron. *Rech Min*, 481: 59-63

Deer W A. 1935. The Cairnsmore of Carspharirn igneous Complex. Quart. Jour Geol Soc (Lond), 91: 47-76

Deer W A, Howie R A, Wise W S, et al. 1963. Rock-Forming Minerals (1). London: Longmans

Deer W A, Howie R A, Wise W S, et al. 2001. Rock-Forming Minerals (4). London: Longmans

Dengler L. 1976. Microcracks in crystalline rocks. In: Wenk H R. Electron Microscopy in Mineralogy. Springer: 550-556

Dickson F W. 1966. Porphyroblasts of barium-zoned K-feldspar and quartz. Papoose Flat, Inyo Mountains, California. Geology and Ore Deposits of the American Cordilleran: Geological Society of Nevada Symposium Proceedings, Reno/Sparks, Nevada, April 1995: 909-924

Drescher-Kaden F K. 1948. Die Feldspat-Quartz-Reactionsgefüge der Granite und Gneise, und ihre genetische Bedeutung. Springer, Heidelberg: 259

Du S H, Huang Y H. 1984. On study of Xianghualingite. *Science Sinica*, part B (11): 1039-1047

Eadington P T, Nashar B. 1978. Evidence for the magmatic origin of quartz-topaz rocks from the New England Batholith, Australia. *Contrib Mineral Petro*, 67: 433-438

Engvik A K. 2009. Intragranular replacement of chlorapatite by hydroxy-fluor-apatite during metasomatism. *Lithos*, 112: 236-246

Engvik A K, Putnis A, Gerald J D F. 2008. Albitization of granitic rocks: The mechanism of replacement of oligoclase by albite. *Canadian Mineralogist*, 46: 1401-1415

Fallon R P. 1998. Age and thermal histroy of the Port Mouton pluton, southwest Nova Scotia: A combined U-Pb, $^{40}Ar/^{39}Ar$ age spectrum, and $^{40}Ar/^{39}Ar$ laserprobe study.

Farver J R, Yund R A. 1995. Grain boundary diffusion of oxygen, potassium and calcium in natural and hot-pressed feldspar aggregates. *Contrib Mineral Petrol*, 118: 340-355

Fenn P M. 1977. The nucleation and growth of aklaki feldspars from hydrous melts. *Canadian Mineralogist*, 15: 135-161

Friedman G M, Amiel A J, Schneidermann N. 1974. Submarine cementation in reefs: example from the red sea. *Journal of Sedimentary Petrology*, 44 (3): 816-825

Haapala I. 1997. Magmatic and postmagmatic process in tin-mineralized granites: topaz-bearing leucogranite in Eurajoki rapakivi granite stock, Finland. *J of Petrology*, 38 (12): 1645-1659

Hall A. 1966. A petrogenetic study the Rosses granite complex, Donegal. *JP*, 7: 202-220

Harker A. 1950. Metamorphism. London: Methuen

Heydemann A. 1966. Uber die Chemiche Verwitterung von Tonmineralon (Experimentelle Untersuchungen). *Geochim Cosmochim Acta*, 30: 995-1035

Hibbard M J. 1995. Petrography to petrogenesis. Prentice Hall, Englewood Cliffs, New Jersey

Hippertt J F M. 1987. Textura indicativas de metassomatismo Patássico nos augen-knisses de Niteròi, RJ. *Revista Brasileira de Geoci*, 17: 253-262

Hiraga T, Nagase T, Akizuki M. 1999. The structure of grain boundaries in granite-origin ultramylonite studied by high-resolution electron microscopy. *Phys Chem Mineral*, 26: 617-623

Hövelmann J, Putnis A, Geisler T, et al. 2010. The replacement of plagioclase feldspars by albite: Observations from hydrothermal experiments. *Contrib Mineral Petrol*, 159: 43-59

Hubbard F H, et al. 1965. Antiperthite and mantled feldspar textures in charnokite (enderbite) from S W Nigeria. *Am Mineral*, 50: 2040-2051

Imeopkaria E G. 1980. Ore- bearing potential of granitic rocks from the Jos- Bukuru complex, Northern Nigeria. *Chem Geo*, 28: 67-70

Kogure T, Banfield J F. 2000. New insights into the mechanism for chloritization of biotite using polytype analysis. *Am Mineral*, 85: 1202-1208

Kovalenko B E, Kuzmin M E, Antapin B S. 1971. Topaz-bearing quartzic keratophyre (ongonite) of subvolcanic vein magmatic rocks. *Report of Academy of Science of USSR*, 199 (2): 119-121

Krauskopf K B. 1956. Dissolution and precipitation of silica at low temperatures. *Geochim Cosmochim Acta*, 10: 1-26

Labotka T C, Cole D V, Fayek M, et al. 2004. Coupled cation and oxygen- isotope exchange between alkali feldspar and aqueous chloride Solution. *American Mineralogist*, 89: 1822-1825

Lee M R, Parsons I. 1997. Dislocation formation and albitization in alkali feldspars from the Shap granite. *Am Mineral*, 82: 557-570

Lee M R, Waldron K A, Parsons I. 1995. Exsolution and alteration microtextures feldspar phenocrysts from the Shap granite. *Mineralogical Magazine*, 59: 63-78

Lehmann J. 1885. Uber die Mikroklin- und Perthitstruktur der Kalifeldspathe und deren Abhangigkeit von ausseren zum Theil mechanischen Einflussen. *Jahresber Schles Ges Vateri Cultur*, 63, 92-100 and 64, 119 (1886)

Li F C, Zhu J C, Rao B, et al. 2004. Origin of Li-F rich granites: Evidence from high P-T experiments. *Science in China Ser. D Earth Sciences*, 47 (7): 639-650

Lindgren W. 1925. On metasomatism. *Bull Geol Soc Amer Bulletin*, 36: 247-262

Lodochnikov V N. 1955. Главнейшие породообразующие минералы, 4-е издание, Госгеолтехиздат, Москва

Lofgren G E, Gooley R G. 1977. Simultaneous crystallization of feldspar intergrowths from the melt. *Amer Mineral*, 62: 217-228

Luth W C. 1976. Granitic rocks. In: Bailey D K, Macdonald R (eds). The evolution of the crystalline rocks. Academic Press Inc, New York: 484

Maliva R G, Siever R. 1988. Diagenetic replacement controlled by force of crystallization. *Geology*, 16: 688-691

Masgutov R V. 1960. Yisvestia Akademi Nayk. *Geol Ser Tom*, 3

Merino E, Dewers T. 1998. Implications of replacement for reaction- transport modeling. *Journal of Hydrology*, 209: 137-146

Michel-Lévy A. 1874. Structure microscopique des roches acides anciennes. Granite poprphyroide de Vire. *Bull Soc géol France*, 3: 201

Miller C F, Stoddard E F, Bradfish L J, et al. 1981. Composition of plutonic muscovite: Genetic implications. *Can Mineral*, 19: 25-34

Monier G, Robert J. 1986. Evolution of the miscibility gap between muscovite and biotite solid solutions with increasing lithium content: an experimental study in the system K_2O- Li_2O- MgO- FeO- Al_2O_3- SiO_2- H_2O- HF at 600℃, 2 kbar P_{H_2O}: composition with natural lithium micas. *Min Mag*, 50: 257-266

Montgomery C W, Brace W F. 1975. Micropores in plagioclase. *Contrib Mineral Petrol*, 52: 17-28

Okamoto G, Okura T, Goto K, et al. 1957. Properties of silica in water. *Geochim Cosmochim Acta*, 12: 123-132

Ostapenko G T. 1976. Excess pressure on the solid phases generated by hydration (according to experimental data on hydration of periclase). *Geochem International*, 13 (3): 120-138

Parson I, Lee R E. 2009. Mutual replacement reactions in alkali feldspars I: microtextures and mechanisms. *Contrib Mineral Petrol*, 157: 641-661

Peng C C. 1970. Intergranular albite in the granite and syenites of Hong Kong. *American Mineralogist*, 55: 270-282

Phemister J. 1926. The geology of Strath Okykell and lower Loch Shin (Explanation of Sheet 102). *Mem Geol Survey Scotland Geol*

Phillips E R. 1964. Myrmekite and albite in some granites of New England Batholith, New South Wales. *Journal of the Geological Society of Australia*, 11: 49-60

Phillips E R. 1974. Myrmekite-one hundred years later. *Lithos*, 7: 181-194

Phillips E R, Ransom D M. 1968. The proportionality of quartz in myrmekite. *AM*, 53: 1411-1433

Plümper O, Putnis A. 2009. The complex hydrothermal history of granitic rocks: Multiple feldspar replacement reactions under subsolidus conditions. *Journal of Petrology*, 50: 967-987

Pryer L L, Robin P Y F. 1995. Retrograde metamorphic reactions in deforming granites and the origin of flame perthite. *Journal of Metamorphic Geology*, 14: 645-658

Pryer L L, Robin P Y F. 1996. Differential stress control on the growth and orientation of flame perthite: a palaeostress-direction indicator. *Journal of Structural Geology*, 18: 1151-1166

Putnis A. 2002. Mineral replacement reactions: from macroscopic observations to microscopic mechanisms. *Mineral Mag*, 66: 689-708

Putnis A. 2009. Mineral replacement reactions. *Reviews in Mineralogy & Geochemistry*, 70: 87-124

Putnis A, Hinrichs R, Putnis C V, et al. 2007. Hematite in porous red-clouded feldspars: Evidence of large-scale crustal fluid-rock interaction. *Lithos*, 95: 10-18

Que M, Allen A R. 1996. Sericitization of plagioclase in the Rosses granite complex, Co. Donegal, Ireland. *Mineralogical Magazine*, 60 (6): 927-936

Raimbault L. 1984. Geologie, petrographie et geochimie des granites et mineralization associees de la region de Meymac (Haut Correze, France), Ph. D. Thesis, Paris. *Ecole de Mines*: 482

Ramberg H. 1962. Intergranular precipitation of albite formed by unmixing of alkali feldspar. *Neues Jahrb. Mineral Abh*, 98: 14-34

René M. 2005. Geochemical constraints of hydrothermal alterations of two-mica granites of the Moldanubian Batholith at the Okrouhlá Radouň uranium deposit, Acta Geodyn. *Geomater*, 2 (4): 63-79

Roedder E, Coombs D S. 1967. Immiscibility in granitic melts, indicated by fluids inclusions in ejected granitic blocks from Ascension Island. *Journal of petrology*, 8: 15-17

Rogers J J W. 1961. Origin of albite in granitic rocks. *Amer J Sci*, 259: 186-193

Rong J S. 2002. Myrmekite formed by Na- and Ca-metasomatism of K-feldspar. Myrmekite, ISSN 1526-5757, electronic Internet publication: http://www. csun. edu/ ~ vcgeo005/Nr45Rong1. pdf

Rong J S. 2003. Nibble metasomatic K-feldspathization. Myrmekite, ISSN 1526-5757, electronic Internet publication: http://www. csun. edu/ ~ vcgeo005/Nr46Rong2. pdf

Rong J S. 2009. Two patterns of monomineral replacement in granites. Myrmekite, ISSN 1526-5757, electronic Internet publication: http://www. csun. edu/ ~ vcgeo005/Nr55Rong3. pdf

Rosenqvist I T. 1950. Some investigations in the crystal chemistry of silicates (II). *NGT*, 28: 192-198

Saavedra J. 1978. Geochemical and petrological characteristics of mineralized granites of the West centre of Spain. In: Stemprok M, Burnol L, Tischendorf G (eds.). Metallization associated with acid magmatism. *Geol Surv*

Czech, 3: 279-291

Schermerhorn L J G. 1956. The granites of Trancoso (Portugal): a study of microclinization. *Amer J Sci*, 254: 329-348

Schleicher H, Lippolt H J. 1981. Magmatic muscovite in felsitic parts of rhyolites from southwest Germany. *Contri Min Petr*, 78: 220-224

Schwantke A. 1909. Die Beimischung von Ca im Kalifeldspat und die Myrmekibildung. *Contr Min Geo*, 311-316

Sederholm J J. 1897. Uber eine archaische Sedimentformation im sudwestichen Finland. *BCGF*, 6: 254

Smith J V. 1961. Explanation of strain and orientation effects in perthites. *American Mineralogist*, 46: 1489-1493

Smith J V. 1974. Feldspar Minerals (2). New York: Springer

Smith J V, Brown W L. 1988. Feldspar Minerals. I. Crystal Structure. Physical, Chemical and Microtextural Properties. Berlin, New York (Springer-Verlag)

Smith J V, Stenstrom R C. 1965. Electron-cited luminescence as a petrologic tool. *J G*, 73: 627-635

Speer J A. 1984. Micas in igneous rocks. In: Bailey S W (ed.). Reviews in Mineralogy, vol. 13, Micas. *Mineralogical Society of America*, 229-356

Stemprok M. 1979. Mineralized granites and their origin. *Episodes Geol News Letter*, 3: 20-24

Swanson S E. 1977. Relation of nucleation and crystal growth rate to the development of granites textures. *Amer Mineralogist*, 62: 966-978

Taylor R P. 1992. Petrological and geochemical characteristics of the peasant ridge zinnwaldite-topaz granite, southern New Brunswick, and comparisons with other topaz-bearing felsic rock. *Can Mineral*, 30: 895-921

Tschermark G. 1864. Chemisch-mineralogische Studien. I. Die Feldspathgruppe. *SAWW*, 50: 566-613

Tuttle O F, Bowen N I. 1958. Origin of Granite in the Light of Experimental Studies in the System NaAlSi$_3$O$_8$-KalSi$_3$O$_8$-SiO$_2$-H$_2$O. *Geol Soc America Memoir*, 74: 153

Veblen D R, Ferry J M. 1983. A TEM study of the biotite-chlorite reaction and comparison with petrological observations. *American Mineralogist*, 68: 1160-1168

Vernon R H. 1986. K-feldspar megacryst in granites—Phenocrysts not porphyroblast. *Earth Sci Rev*, 23: 1-63

Vernon R H. 1999. Flame perthite in metapelites gneisses at Cooma, SE Australia. *American Mineralogist*, 84: 1760-1765

Vernon R H, Paterson S R. 2002. Igneous origin of K-feldspar megacrysts in deformed granite of the Papoose Flat Pluton, California, USA. *Electronic Geosciences*, 7: 31-39

Vogel T A. 1970. The origin of some antiperthites—a model based on nucleation. *Amer Mineral*, 55: 1390-1395

Vogt J H L. 1905. XXVI. Physikalisch-chemische Gesetze der Krystallizationsfolge in Eruptivgesteinen. *TMPM*, 24: 437-542

Vogt J H L. 1926. The physical chemistry of magmatic differentiation of igneous rocks. II. On the feldspar diagram Or : Ab : An. *Norsk Vidensk-Akad Oslo I Mat-nat Kl Skr*, (4): 101

Voll G. 1960. New work on petrofabrics. *Liverpool and Manchester Geological Journal*, 2: 503-567

Wang L K, Wang H F, Huang Z L. 1998. The three end members of Li-F granites and their origin of liquid segregation. *Chinese Journal of Geolochemistry*, 17 (1): 1-11

Wang X, Yao X J, Wang C S. 2006. Characteristic mineralogy of the Zhutishi granite: implication for petrogenesis of the late intrusive granite. *Sci China Ser D-Earth Sci*, 49: 573-583

Webster J D, Duffield W A. 1991. Volatiles and lithophile elements in Taylor Creek Rhyolite: Constraints from glass inclusion analysis. *Amer Min*, 76: 1628-1645

Willaime C, Brown W L. 1974. A coherent elastic model for the determination of the orientation of exsolution boundaries: application to the feldspars. *Acta Crystallogr A*, 30: 316-331

Willaime C, Brown W L. 1985. Orientation of phase and domain boundaries in crystalline solids: discussion. *American Mineralogist*, 70: 124-129

Worden R H, Walker F D L, Parsons I, et al. 1990. Development of microporosity, diffusion channels and deuteric coarsening in perthitic alkali feldspars. *Contrib Mineral Petrol*, 104: 507-515

Yanagisawa K, Rendon- Angeles J C, Ishizawa N, et al. 1999. Topotaxial replacement of chlorapatite by hydroxyapatite during hydrothermal ion exchange. *American Mineralogist*, 84: 1861-1869.

Yoder H S, Eugster H P. 1955. Synthetic and natural muscovites. *Geochem et Cosmochim Acta*, 8: 225

图版及说明*

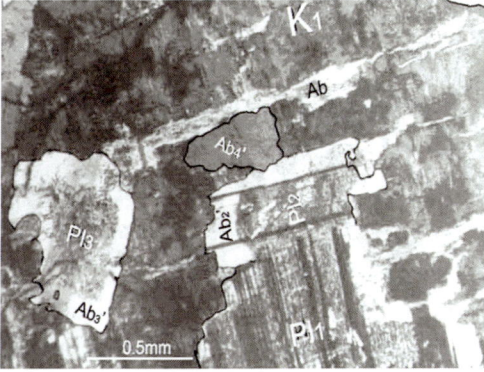

图1 (+)。斜长石（Pl₂和Pl₃）周边有钠长石净边 Ab₂′ 和 Ab₃′）。在与钾长石 K₁ 同方位的斜长石（Pl₁）边缘无钠长石净边。广东台山那琴花岗岩

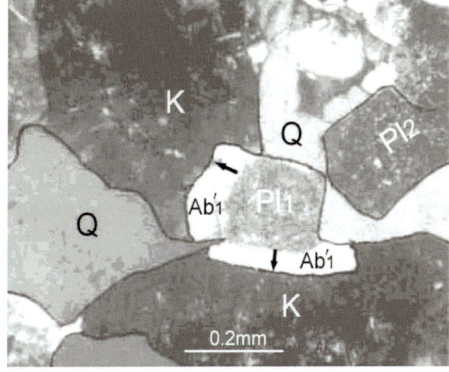

图2 (+)。净边 Ab₁′ 出现在斜长石 Pl₁ 与钾长石 K 交界处，不出现在斜长石 Pl₂ 与石英 Q 交界部位

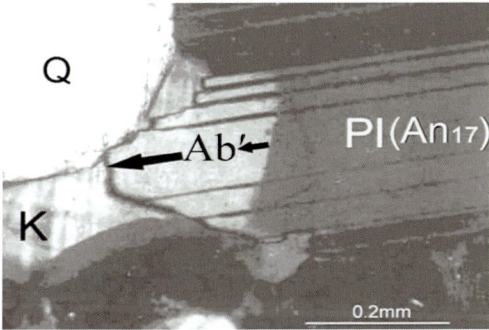

图3 (+)。在新鲜（无绢云母化)Pl（An₁₇）与 K 交界处也有净边 Ab′

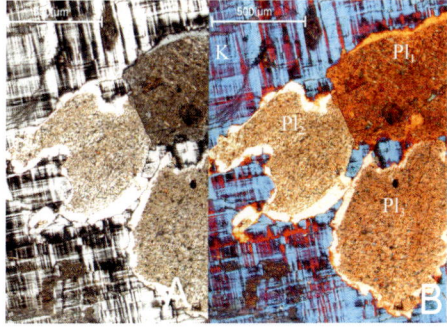

图4 A(+); B(+)Q。净边出现在与不同方位钾长石交界的斜长石边缘。不出现在两颗斜长石的接触处。甘肃芨岭花岗岩

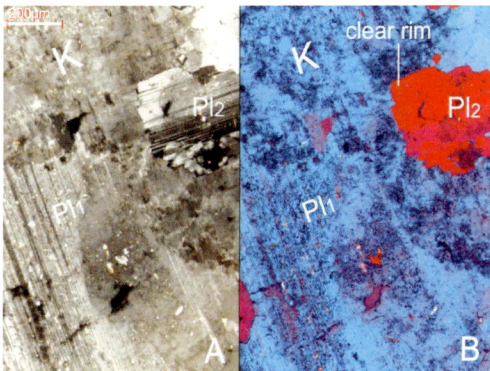

图5 A(+);B(+)Q。在钾长石 K 与不同方位的斜长石 Pl₂ 交界处有净边 (clear rim)，但与同方位 Pl₁ 交界处无净边出现

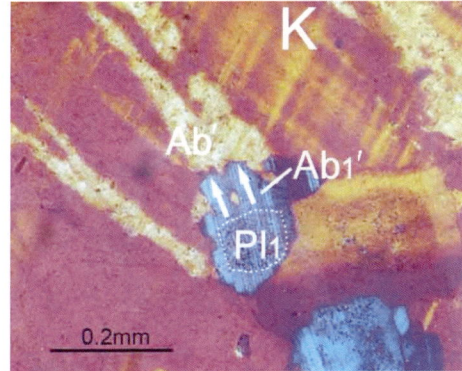

图6 (+)Q。净边 Ab₁′ 中有条纹钠长石 Ab 残留体。广东台山那琴花岗岩

---

* (-) 代表单偏光；(+) 代表正交偏光；(+)Q 代表正交偏光加石英试板。

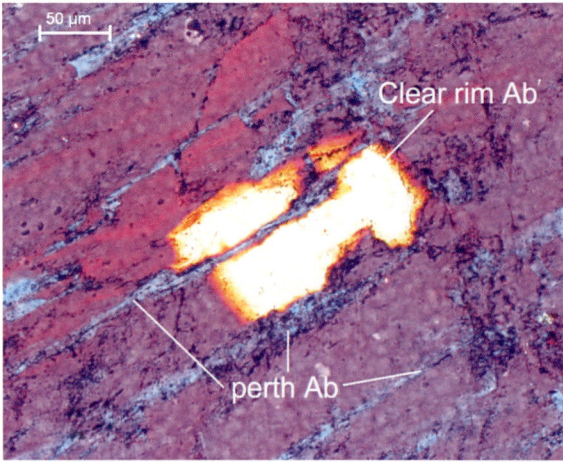

图7 (+)Q。条纹钠长石 (perth Ab) 被净边钠长石 (clear rim Ab) 交代成残留体，像细脉刺穿状。甘肃芨岭花岗岩

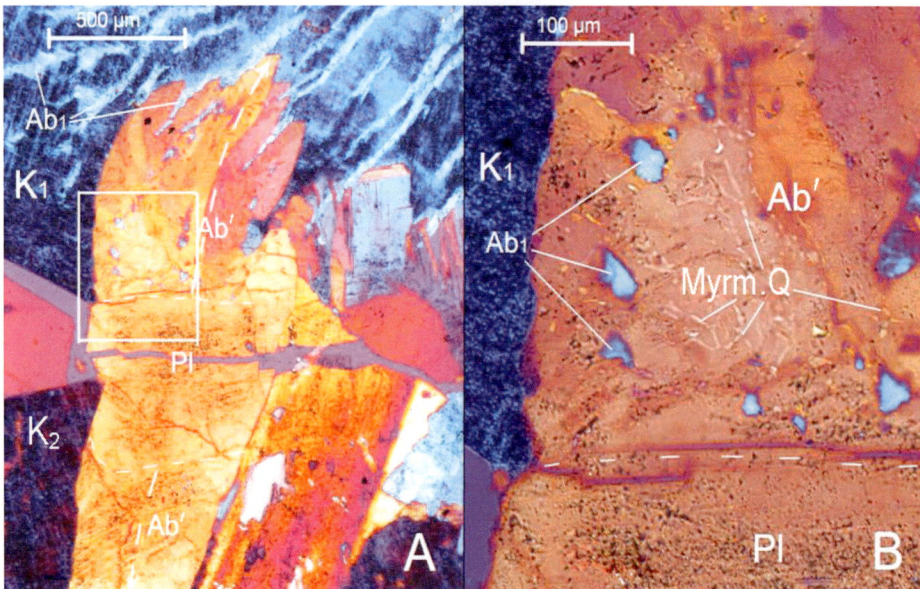

图8 (+)Q。斜长石 Pl 上下发育钠长石 Ab′，其中含条纹钠长石 Ab₁ 的残留体及含有细小蠕虫状石英 Myrm.Q。广东台山那琴花岗岩

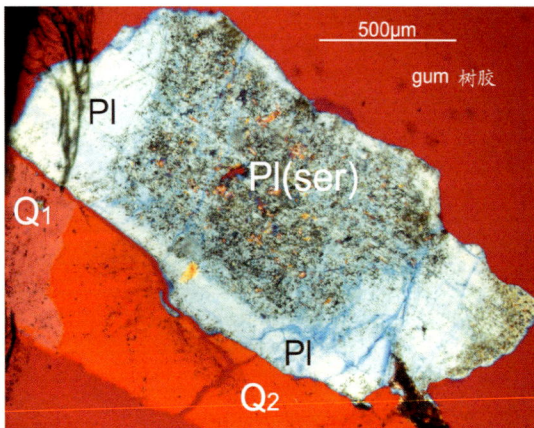

图9 (+)Q。与 Q₁Q₂ 直接接触的这部分干净的斜长石是斜长石本身，并非净边钠长石。斜长石与石英接触部位不会产生净边钠长石

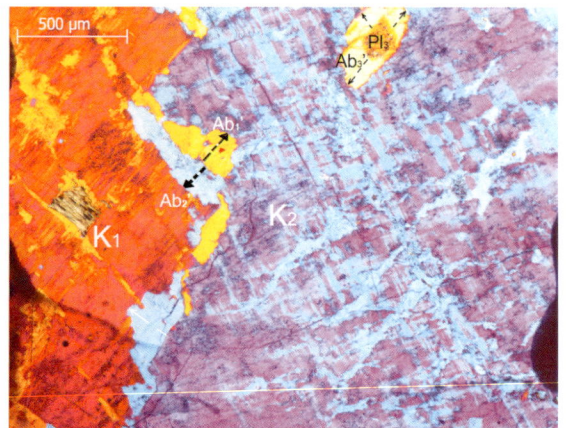

图10 (+)Q。两颗钾长石之间的粒间钠长石分为两排（对错交代钠长石），分别与其后钾长石的方位一致。其宽度和净边钠长石宽度相当。广东台山那琴花岗岩

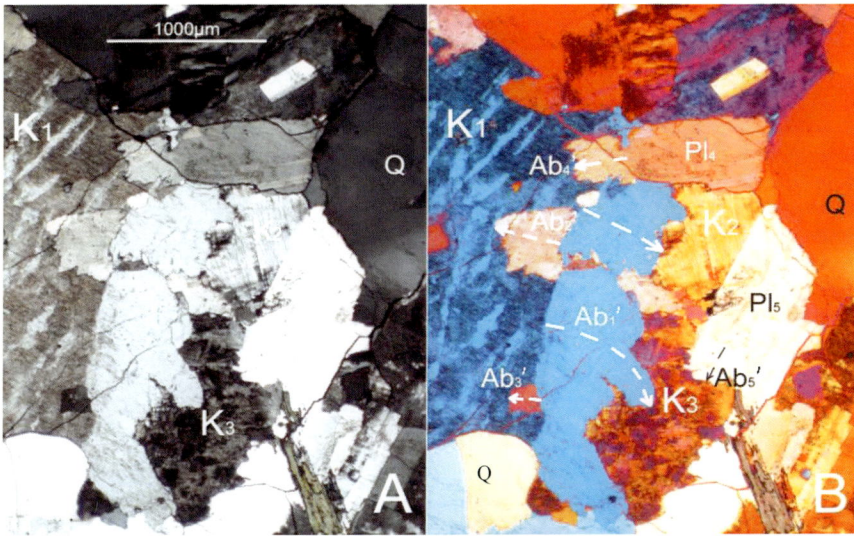

图 11　A(+)；B(+)Q。
对错交代钠长石 (Ab$_1$′
Ab$_2$′ Ab$_3$′)，分别与其
后的钾长石 (K$_1$K$_2$K$_3$) 方
位一致，其宽度和净边
钠长石 (Ab$_4$′ Ab$_5$′) 的
相当。
广东台山那琴花岗岩

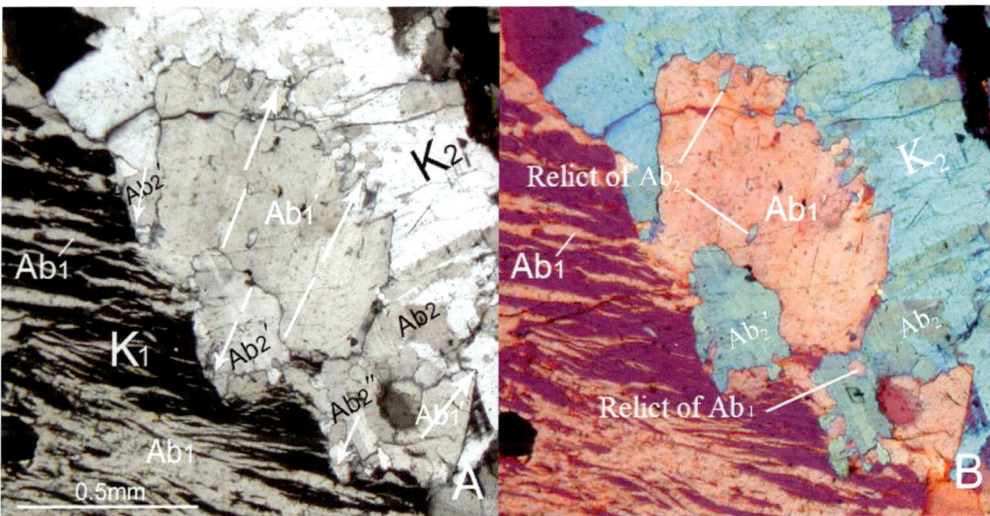

图 12　A(+)；B(+)Q。在两颗钾长石交界处有对错交代钠长石 Ab$_1$′ Ab$_2$′。 Ab$_1$′与条纹钠长石 Ab$_1$
似乎连通，交界界线模糊

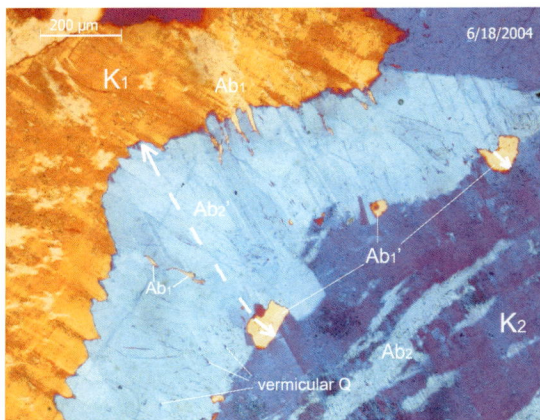

图 13　(+)Q。两颗钾长石 K$_1$K$_2$ 交界处有对错交代钠
长石 Ab$_1$′ Ab$_2$′。左上侧一排 Ab$_2$′很发育，其中有被交
代条纹钠长石 Ab$_1$ 的残留及含细小蠕虫状石英

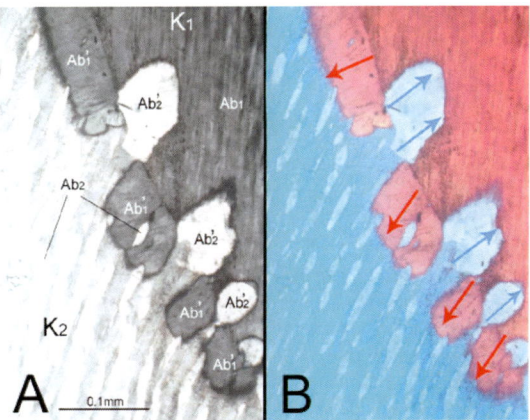

图 14　A(+)；B(+)Q。对错交代钠长石 Ab$_1$′中有
条纹钠长石 Ab$_2$ 的交代残留体。河北宣化赵家窑
花岗岩。样号 CL3

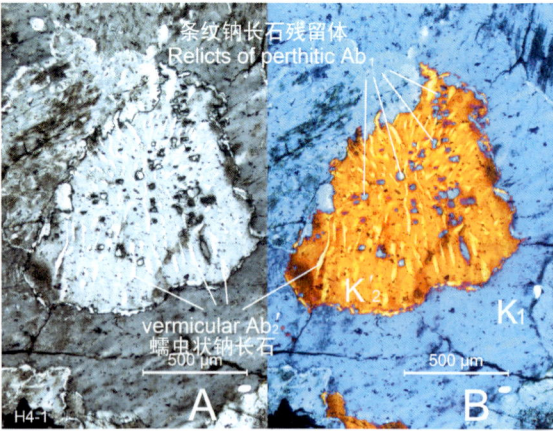

图 15　A (+)；B (+)Q。钾长石中出现复杂化。新生钾长石 K_2' 含有同方位的蠕虫状钠长石 Ab_2' 和旁侧原生钾长石 K_1 的条纹钠长石 Ab_1 被交代的残留体。广东阳江新洲黄泥田石英正长岩

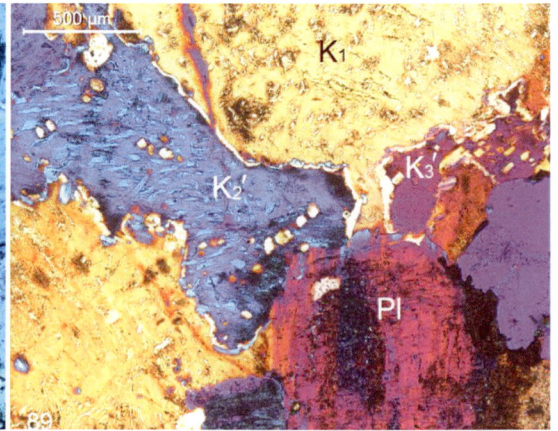

图 16　(+)Q。K_2' K_3' 交代钾长石 K_1，但难以交代整块状斜长石 Pl。沿两钾长石边界有微弱对错交代钠石化。广东阳江新洲黄泥田石英正长岩

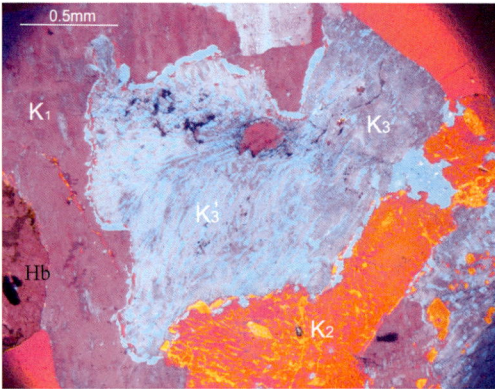

图 17　(+)Q。K_3' 与 K_3 方位一致。与 K_3 不同，K_3' 含同方位的蠕虫状钠长石。表明 K_3' 是贴靠在背后 K_3 基础上，交代 K_1K_2 而形成的。黄泥田石英正长岩

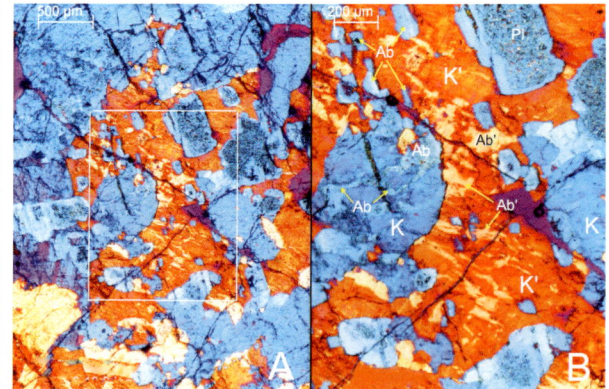

图 18　(+)Q。新钾长石 K' 交代老钾长石 K，但难以交代 Pl 及条纹钠长石 Ab。K' 含有普通条纹钠长石 Ab'，却不含放射状蠕虫状钠长石。新疆哈密尾亚岩体角闪石英正长岩

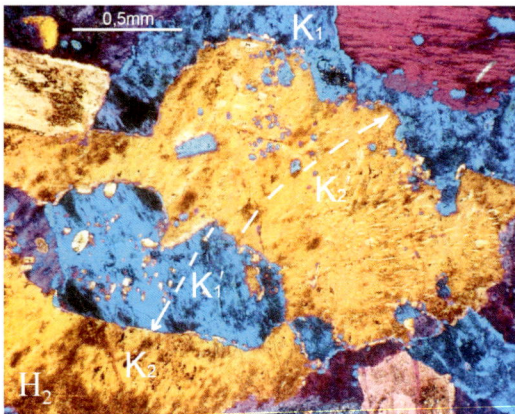

图 19　(+)Q。两颗原生 K_1 K_2 之间有两块新生钾长石 K_1' K_2' 强烈对错交代生长，其中含有被交代残留体及蠕虫状钠长石，K_1' K_2' 分别与其后贴靠的 K_1 K_2 方位一致。黄泥田石英正长岩

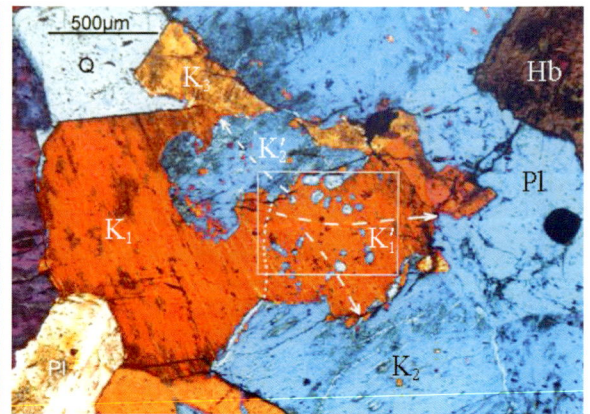

图 20　(+)Q。在两颗钾长石 K_1K_2 之间有对错交代生长钾长石 K_1' K_2'，其中有被交代的残留体。两颗钾长石交界线变得异常弯曲和不规则。黄泥田石英正长岩

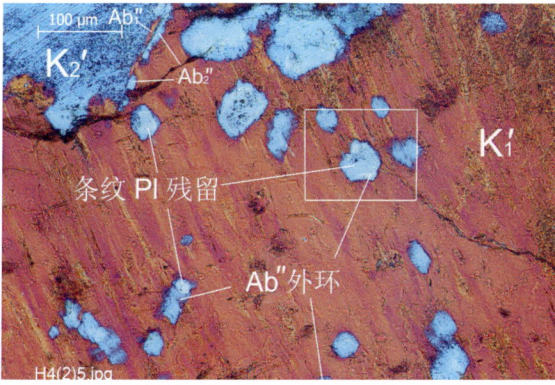

图 21 (+)Q。图 20 中方框放大。条纹斜长石残留体具同一方位

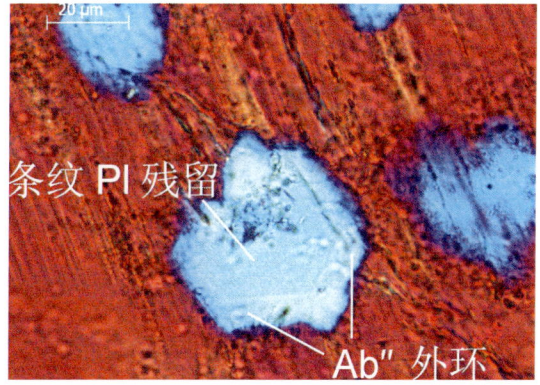

图 22 (+)Q。图 21 中方框放大。条纹斜长石残留体分核部（$An_{12.4}$）和 Ab″ 外环（$An_{0.8}$）两部分

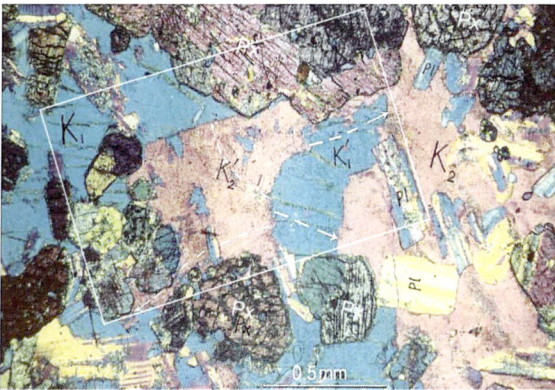

图 23 (+)Q。两颗老钾长石 K_1，K_2 的交界处有新钾长石 K_1'，K_2' 交代生长。但斜长石（Pl）和单斜辉石（Px）稳定，未受影响。广东诸广山横岭云辉二长岩

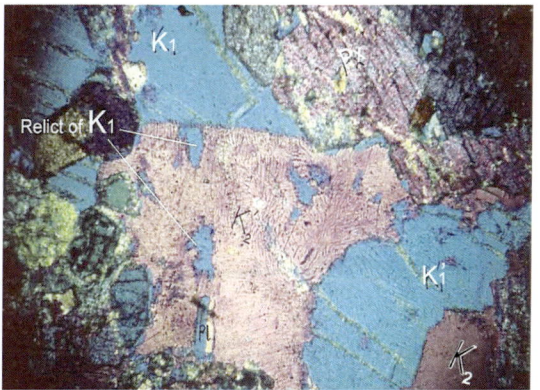

图 24 (+)Q。为图 29 中方框放大。K_2' 中可见有原生钾长石（K_1）的不改变方位的残留体，并含有很多极细小（密集分布）的蠕虫状条纹钠长石

图 25 (+)。众钾长石之间的钾长石交代生长。广东阳江新洲黄泥田石英正长岩

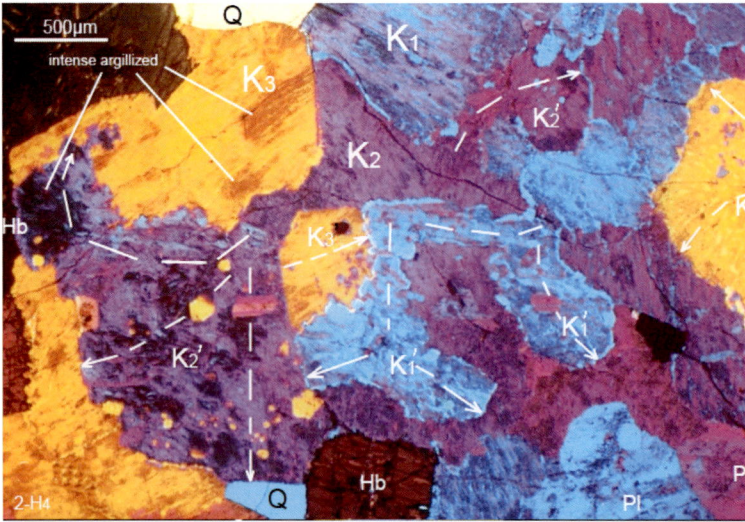

图 26 (+)Q。同图 25。原生钾长石 $K_1K_2K_3$ 和交代生长钾长石 K_1' K_2' K_3' 及 K_4'。被交代矿物残留体，多为条纹钠长石，也有少量钾长石，都保持其原来的方位。而蠕虫状钠长石的方位都与新生钾长石的一致。原生和交代生长钾长石的暗色处为强泥化部位 intense argillized。新生钾长石不交代角闪石 Hb 和石英 Q

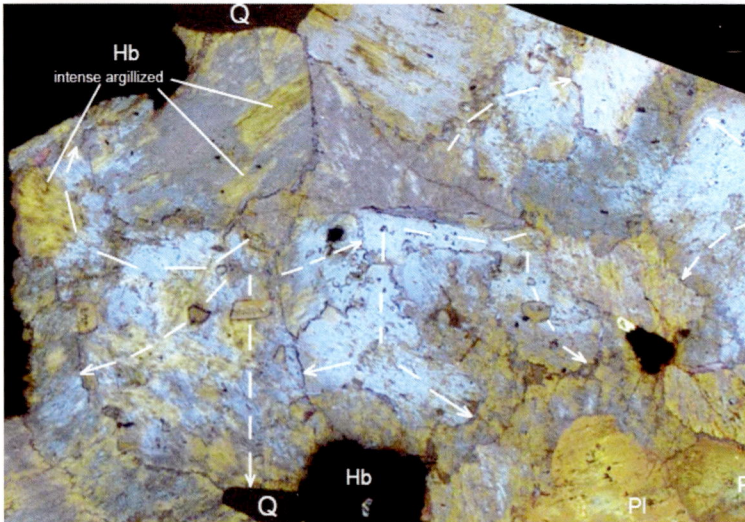

图 27 同图 25。阴极发光图像。$K_1K_2K_3$ 呈暗藕荷色。K_1' K_2' K_3' 显示鲜艳的亮蓝色。凡强泥土化部分，则呈枯木深褐色。斜长石呈浅褐色

图 28 (+)。北希腊 Maronia 深成岩体二长岩中一种不正常的条纹状钾长石。含有蠕虫状斜长石条纹的钾长石"侵入"到不含蠕虫状斜长石的钾长石中（Collins, 1998）。资料来自 Georgios Christofides

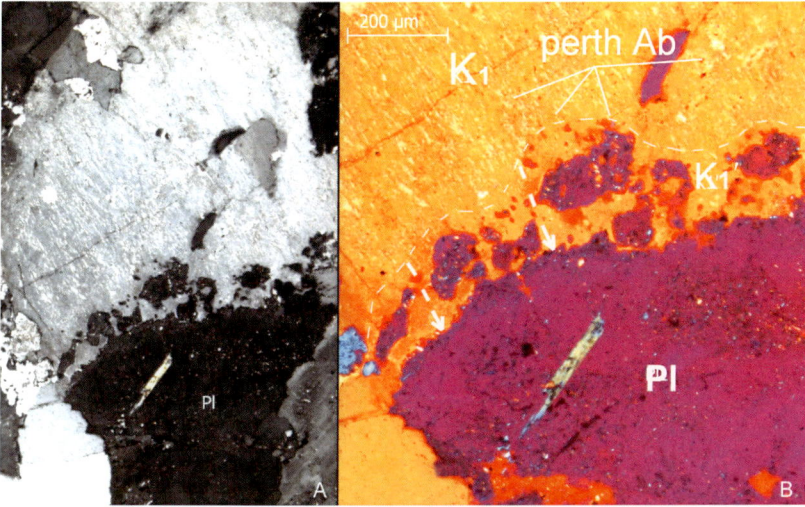

图 29 A(+)；B(+)Q。在原生钾长石 K₁ 与不同方位斜长石 Pl 交界处有新生钾长石 K₁′ 局部交代 Pl。K₁ 明显含少量条纹钠长石 perth. Ab，而 K₁′ 则缺乏条纹钠长石。广东阳江大澳花岗岩

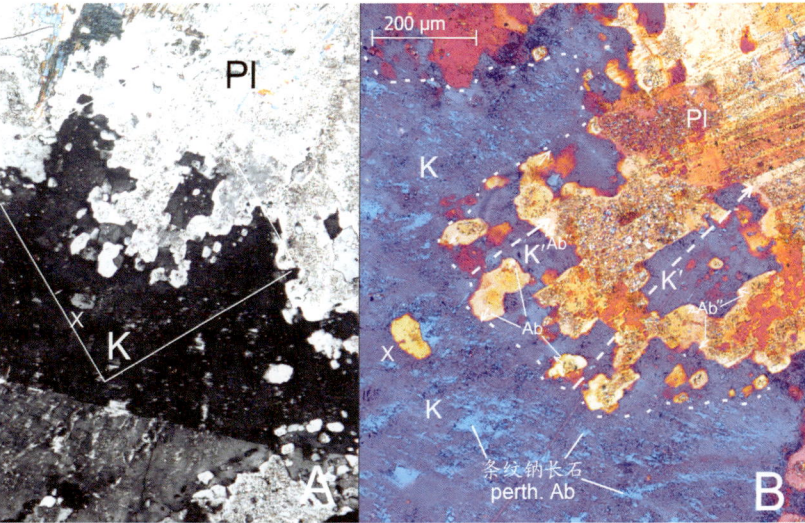

图 30 A(+)；B(+)Q。在钾长石 K 与不同方位斜长石 Pl 交界处，Pl 被新生钾长石 K′ 交代。K 含条纹钠长石 perth.Ab，但在 K′ 中则明显缺乏。在新生钾长石化 K′ 形成后，还有过微弱钠长石化，形成净边 Ab′。

B 图左侧一小颗钠长石残留体 X 未划归 Pl 残留体范围（请对比 A 图）。它可能是薄片上或下另一颗斜长石被切到的一端。广东诸广山中粒斑状黑云母花岗岩

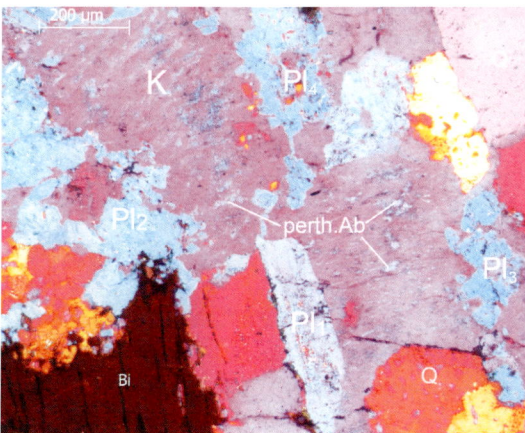

图 31 (+)Q。与钾长石不同方位的 Pl₂Pl₃Pl₄ 已遭钾长石交代，唯与 K 方位一致的 Pl₁ 晶形完好未遭受钾长石化交代。广东阳江大澳花岗岩

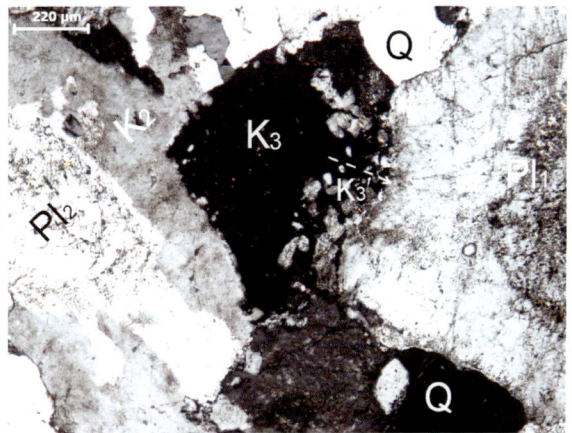

图 32 (+)。斜长石 Pl₁ 局部遭受钾长石化。钾长石 K₂K₃ 都不发育条纹钠长石。广东阳江大澳花岗岩

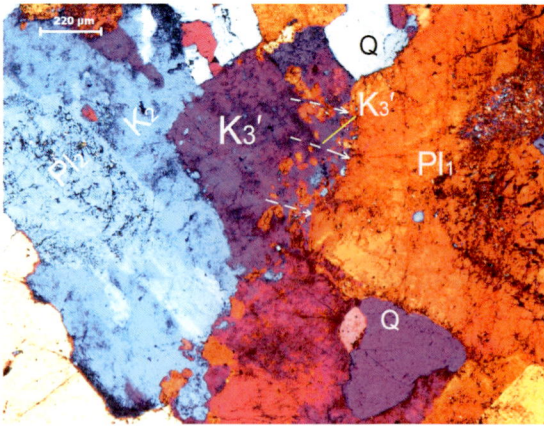

图 33 (+)Q。钾长石化 K_3' 出现在与钾长石 K_3 方位不一致的斜长石 Pl_1 边部，有 Pl_1 残留体落在 K_3' 中。而 Pl_2 与 K_2 方位一致，那里就不出现钾长石化

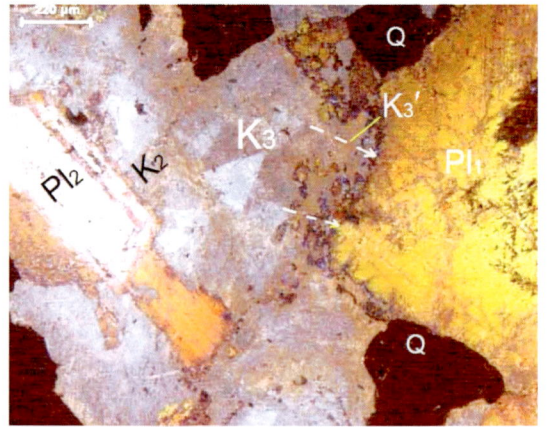

图 34 阴极发光图像。Pl 呈浅褐、黄褐色。K 呈深褐色，并显示浅灰薄膜。K_3' 少浅灰薄膜。斜长石边缘及其被交代残留体呈暗焦褐色

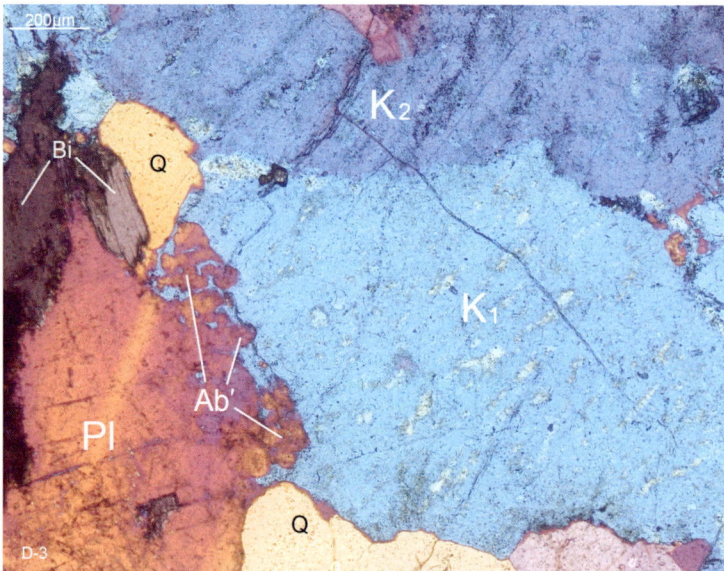

图 35 (+)Q。 斜 长 石 Pl 边 部 Ab'，有被钾长石局部交代现象。但 $K_1 K_2$ 交界面普遍平直整齐，不显示有对钾长石的交代现象。广东阳江大澳花岗岩

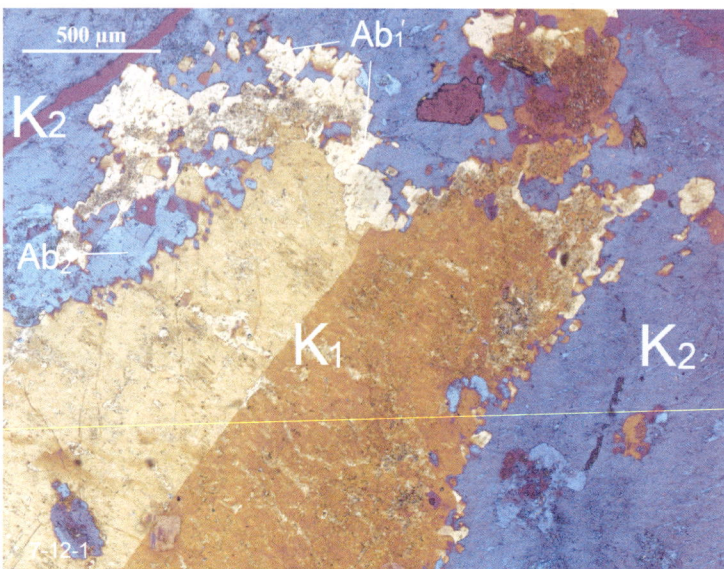

图 36 (+)Q。两颗钾长石 $K_1 K_2$ 交界面有平直的（表明无钾长石化），也有比较弯曲的（还难以确定有钾长石化）。左上侧交界处有过对错交代钠长石 Ab_1' Ab_2' 生长。后者已明显遭受局部钾长石化。广东诸广山中粒斑状黑云母花岗岩

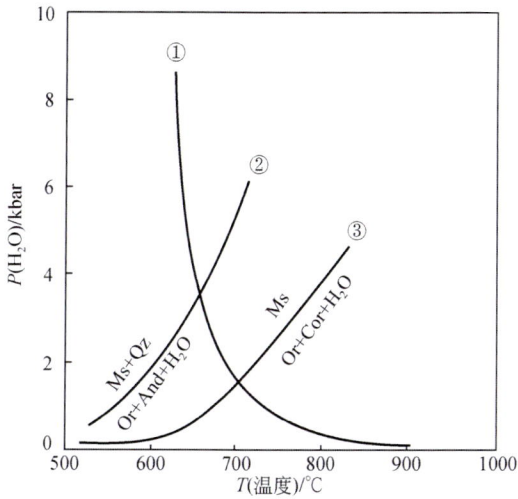

图 37　白云母稳定曲线和白云母加石英平衡曲线与花岗岩最低熔融曲线关系
①花岗岩最低熔融曲线 (Tuttle and Bowen,1953)；
②白云母加石英平衡曲线 (Althaus et al.，1970)；
③白云母稳定曲线 (Yoder and Eugster，1955)；
Ms. 白云母；Qz. 石英；Or. 正长石；And. 红柱石；Cor. 堇青石

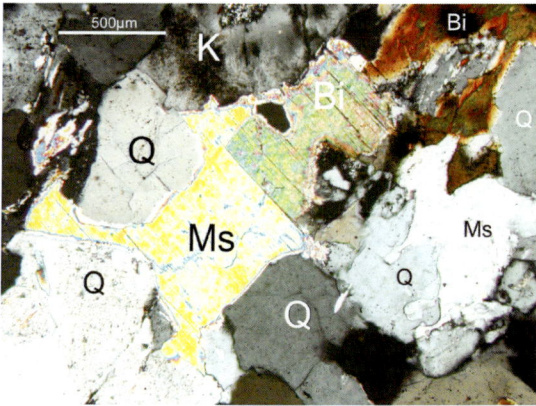

图 38　(+)。原生白云母 Ms 外延连生（epitaxially）包裹自形黑云母和自形石英。江西会昌花岗岩

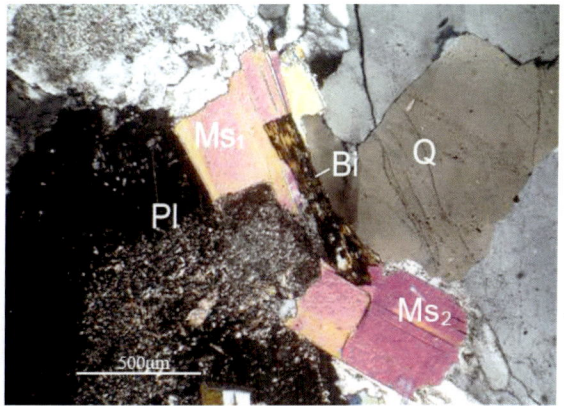

图 39　(+)。半包裹斜长石 Pl 和 黑云母 Bi 的原生白云母 Ms₁ Ms₂。江西白面石二云母花岗岩

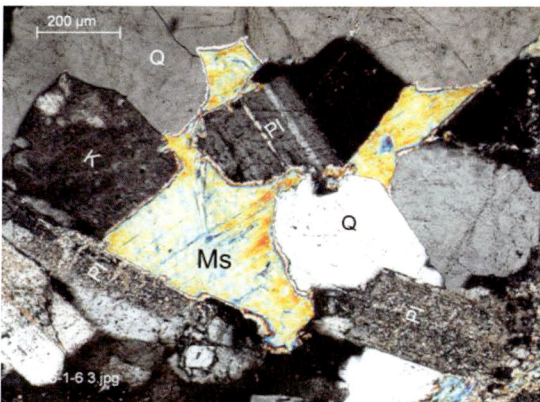

图 40　(+)。呈填隙状分布的原生白云母 Ms。江西白面石二云母花岗岩

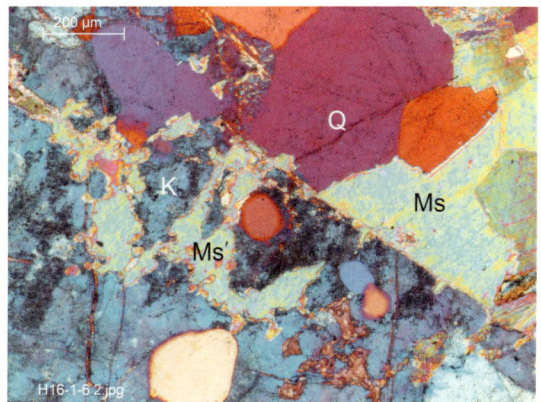

图 41　(+)Q。枝杈状位于钾长石中的白云母 Ms′ 可判断为交代成因，而位于自形钾长石外的、与石英搭界的白云母 Ms 应判断属原生。Ms′ 显然与 Ms 方位完全一致。Ms′ 不交代石英。江西白面石二云母花岗岩

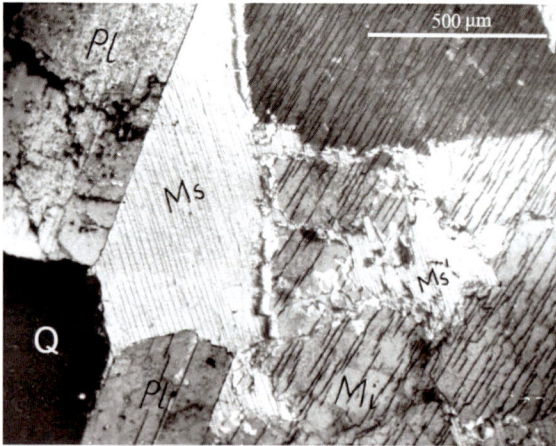

图 42 (+)。交代微斜长石 Mi 的白云母 Ms′ 的底面解理与微斜长石 Mi 之外的填隙状原生白云母 Ms 的完全一致。Ms′ 不交代 Pl 和 Q。Ms 与斜长石和石英的界面很平直，但与微斜长石的界面由于有白云母化交代现象存在而显得毛糙

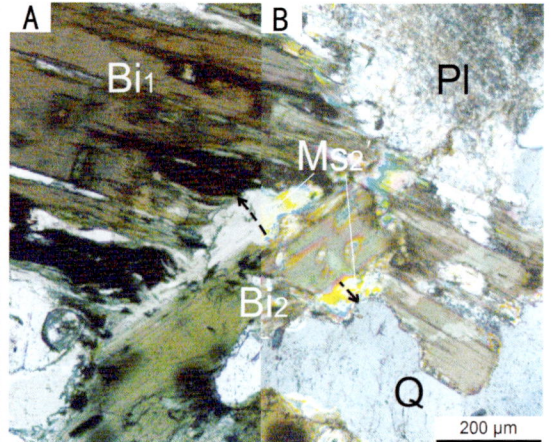

图 43 A(-); B(+)。在两黑云母 Bi₁，Bi₂ 交界处有白云母 Ms₂′ 贴靠在 Bi₂ 上，向 Bi1 异方位交代生长

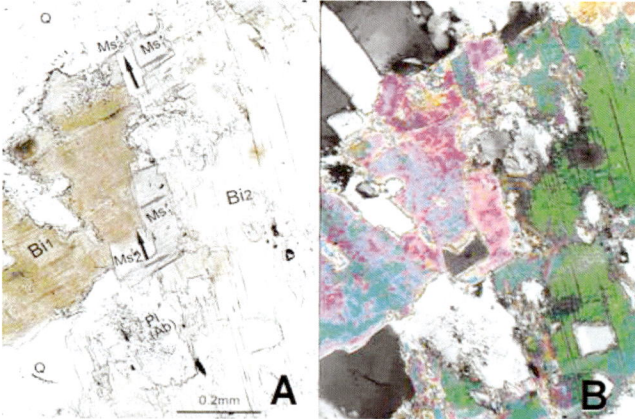

图 44 A(-); B(+)。在两颗黑鳞云母（Bi₁ 与 Bi₂）交界上有白云母（Ms₁′，Ms₂′）对错交代现象。广东阳江北环花岗岩

图 45 (+)。斜长石 Pl 发生绢云母化白云母化，斜长石本身转化为钠长石

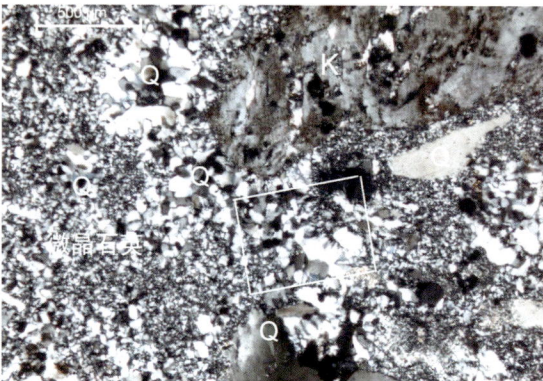

图 46 (+)。通常所称谓的"强硅化花岗岩"，实际上是由微晶石英（热液成因）胶结的花岗角砾岩。广东诸广山花岗岩

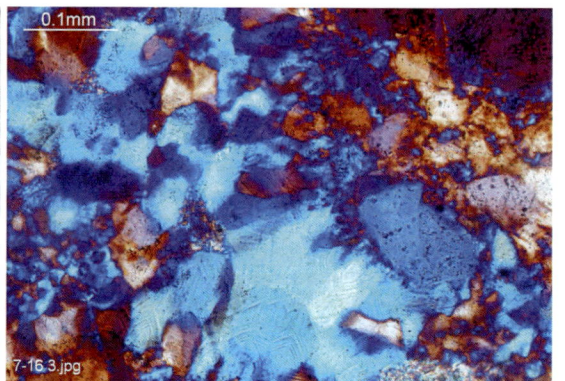

图 47 (+)Q。图 46 中方框放大。有时在微晶石英颗粒内部可见具自形生长线，表明在自由空间中生长成的

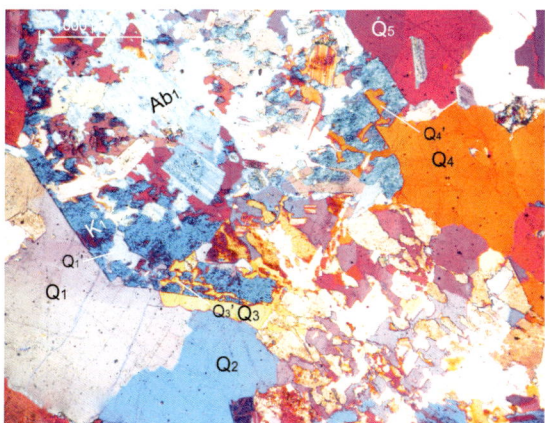

图48　(+)Q。石英交代碱性长石。左上一大颗 K_1 还保持自形轮廓。自形碱性长石外的石英为原生石英 ($Q_1Q_2Q_3Q_4Q_5$)，进入碱性长石内的不规则石英（如 Q_1'，Q_3'，Q_4'）为交代石英。后者与相应邻近的前者的结晶方位一致。广东阳江北环浅色花岗岩

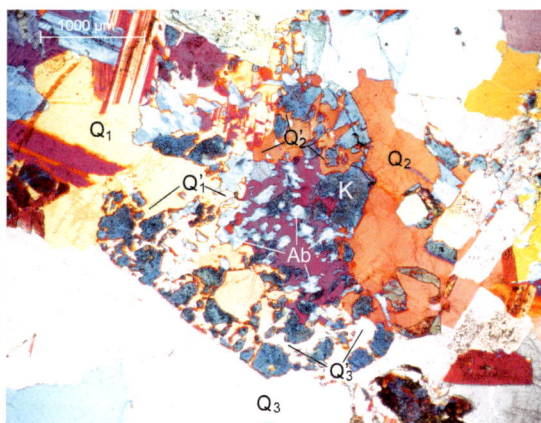

图49　(+)Q。Q' 交代迅速深入碱性长石内部，碱性长石轮廓还保留。广东阳江北环浅色花岗岩

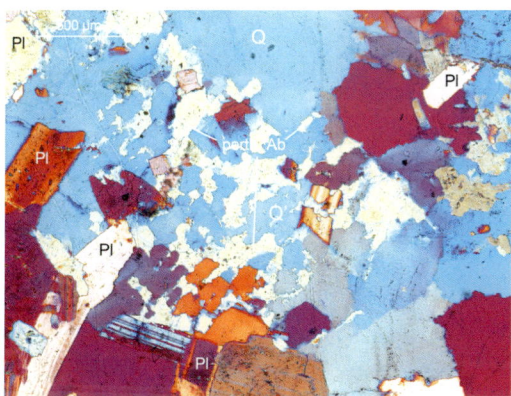

图50　(+)Q。石英化彻底交代掉钾长石，剩下条纹钠长石残留骨架和整块状自形斜长石（钠长石）北环浅色花岗岩

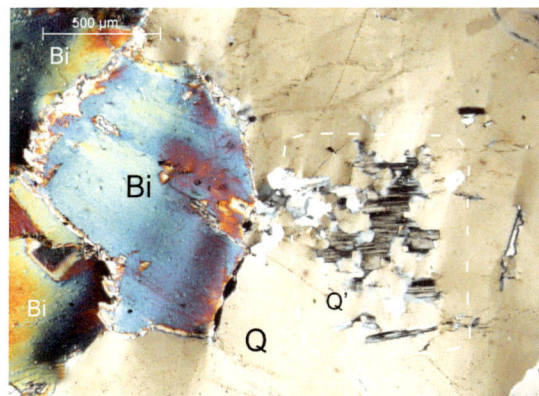

图51　(+)。碱性长石已被石英强烈交代，残留着条纹钠长石骨架和厚片状黑鳞云母。北环浅色花岗岩

图52　(+)。方解石 Cc 为先前交代了原生石英而成。后来新生石英 Q' 又交代方解石，其孤立分散的残留体保持原来的方位和解理，说明它们是原地残留的。甘肃芨岭花岗岩中的碱交代岩

图53　(+)。原生黑鳞云母 Bi 填间分布于自形斜长石（钠长石）之间。广东阳江北环浅色花岗岩

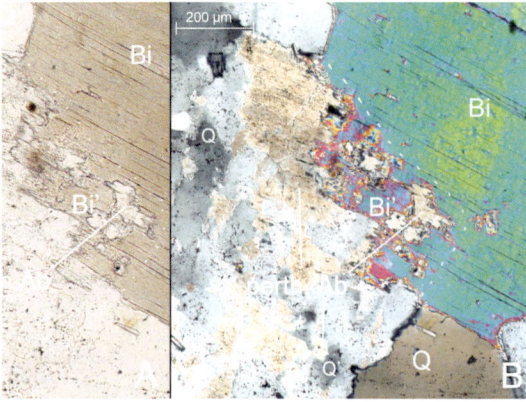

图 54　A(-)；B(+)。碱性长石中钾长石已被石英强烈交代，只剩条纹钠长石骨架。此处（与黑鳞云母 Bi 交界处）可见也有局部黑鳞云母 Bi′ 交代碱性长石，而残留条纹钠长石现象。广东阳江北环花岗岩

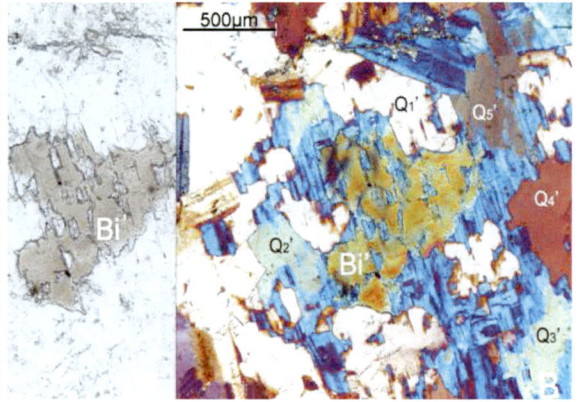

图 55　A(-)；B(+)Q。碱性长石被石英 Q₁′ Q₂′ Q₃′ Q₄′ Q₅′ 和黑鳞云母 Bi′ 强烈交代。广东阳江北环花岗岩

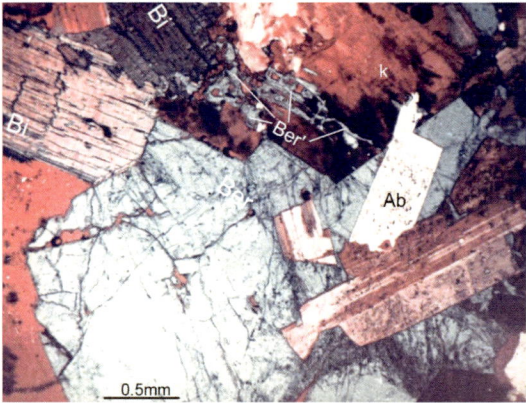

图 56　(+)Q。原生绿柱石 Ber 和交代绿柱石 Ber′。Ber′ 具有近旁原生绿柱石 (Ber) 的方位。Ber′ 未交代钠长石 Ab 和黑鳞云母 Bi。广东台山山背花岗岩

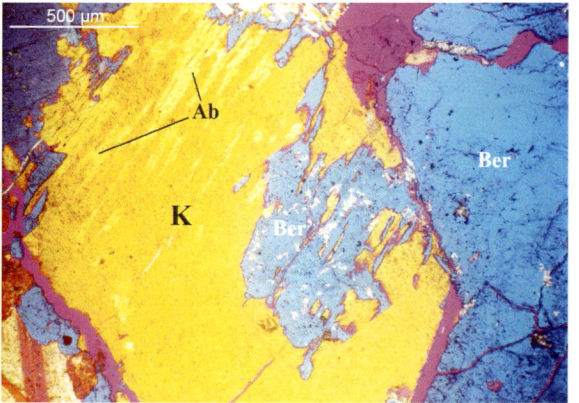

图 57　(+)Q。不规则状进入自形钾长石内的为交代绿柱石 Ber′，它和钾长石外的原生绿柱石 Ber 的方位完全一致。Ber′ 难以交代条纹钠长石而原地残留。广东台山山背花岗岩

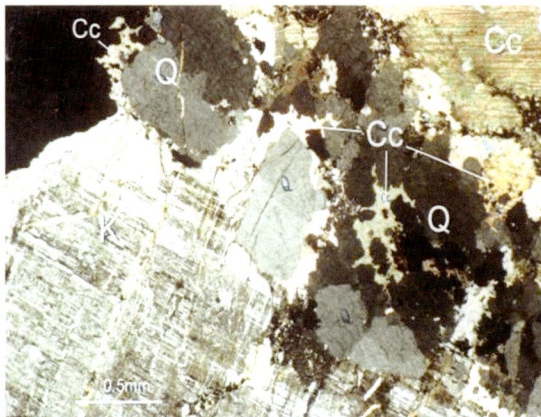

图 58　(+)。方解石 Cc 开始交代原生石英 Q，尚未交代钾长石 K（微斜长石）。甘肃芨岭花岗岩

图 59　(+)。方解石 Cc 明显交代石英，而图右下的斜长石（钠长石）Pl(Ab) 未被 Cc 交代。甘肃芨岭钠交代岩

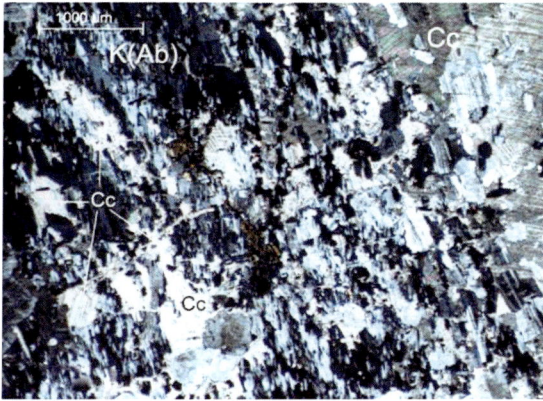

图 60　(+)。方解石 Cc 不规则交代钾长石 K。荻岭花岗岩

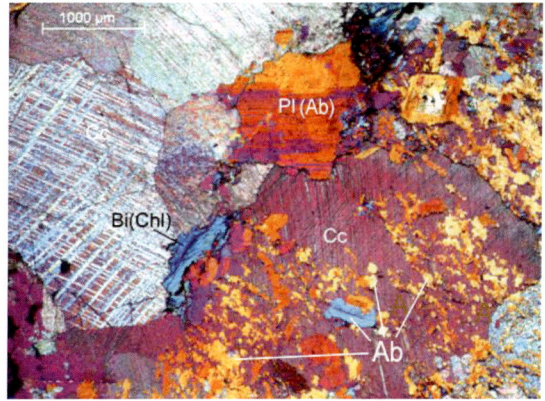

图 61　(+)Q。方解石 Cc 彻底交代了石英 Q，形成整块状方解石（左上方）。也彻底交代了钾长石 K，形成众多细碎条纹钠长石残留，但方解石未交代黑云母 Bi(Chl) 和整块斜长石 Pl(Ab)。甘肃荻岭花岗岩中钠交代岩

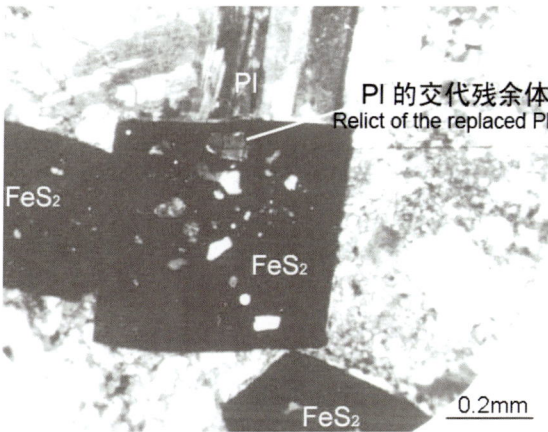

图 62　(+)。碎裂花岗岩中有黄铁矿 FeS₂ 自形立方晶交代生长。其中见斜长石 (Pl) 的交代残余体 Relict。广东和平九连山花岗岩

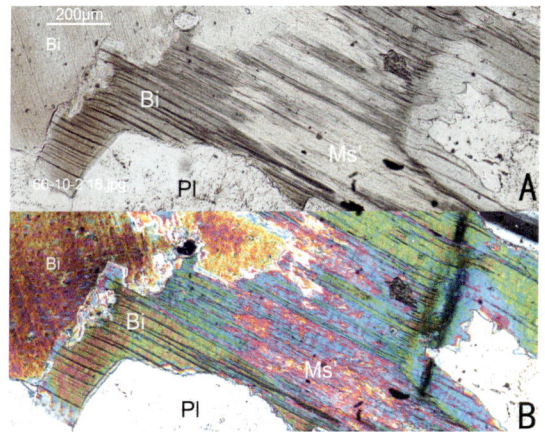

图 63　A(−); B(+)。黑云母 Bi 局部同方位转变为较透明的白云母 Ms′。江西会昌白面石花岗岩

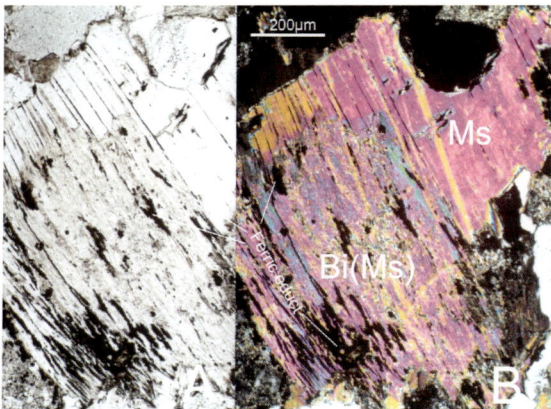

图 64　A(−); B(+)。被原生白云母 Ms 外延连生半包的黑云母 Bi（自形）已遭同方位 Ms 化，变为 Bi(Ms)，析出铁质。Ms 干净透明，Bi(Ms) 则稍显灰浊。江西会昌白面石花岗岩

图 65　(+)。黑云母 Bi 一半已蚀变为绿泥石 Chl。江西会昌白面石花岗岩

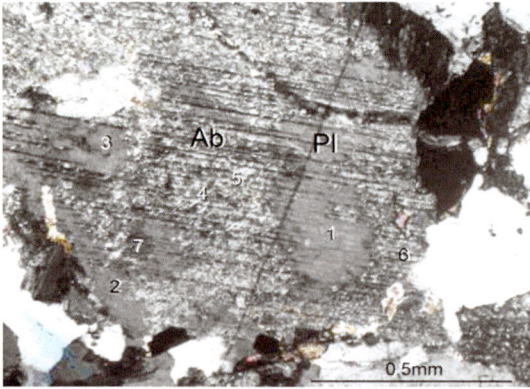

图 66 (+)。斜长石 Pl 的绢云母化部分 (4,5,6) 已转化为 Ab(An$_{2-4}$)，钠长石双晶纹清楚，而未绢云母化的部分 (1,2,3) 仍保留为原斜长石的成分 (An$_{20-25}$)，钠长石双晶纹不显著。钾长石小块体 (7)，干涉色很低

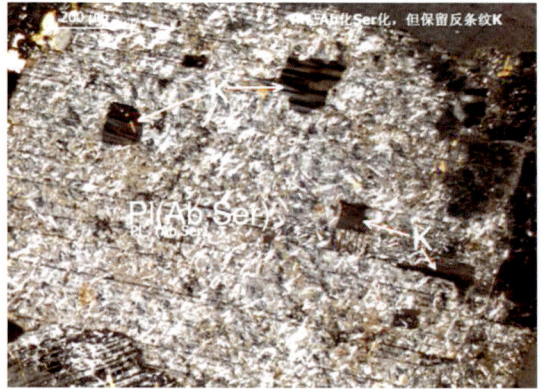

图 67 (+)。斜长石强绢云母化，但反条纹钾长石 (干涉色很低) 小块体仍保留。甘肃芨岭花岗岩

图 68 斑状花岗岩 γ 突变为钠交代岩 ξ 的野外露头，黑线为两者的突变交界。钠交代岩 ξ 明显缺少石英 (灰白色)。一条宽 3~4cm 的细晶岩脉 ι 横向穿过两者界面，ι(ξ) 也跟 ξ 一样，变得缺少石英了，但岩脉完整，未显碎裂。甘肃芨岭花岗岩

图 69 花岗岩 γ 突然丢失石英变为钠交代岩 ξ 的野外露头。钠交代岩中石英 Q 显著减少或消失，被方解石和钠长石代替。由于方解石易被风化溶解掉而形成一些空洞 (pores)。甘肃芨岭花岗岩

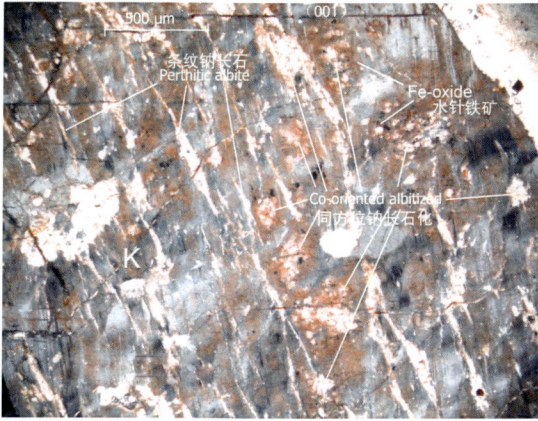

图 70 （+）。切面⊥b轴。K 开始同方位 Ab 化（Co-oriented Ab）（伴有云雾状水针铁矿化）呈群点状、团块状，其形态显然不同于条纹钠长石 (perth. Ab)。甘肃茇岭花岗岩

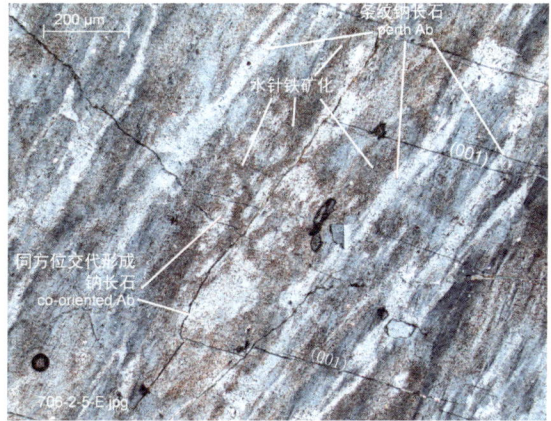

图 71 （+）。切面⊥b轴。K 同方位钠长石化(co-oriented Ab) 始发于 K 相，伴有水针铁矿化（褐色云雾状），其分布和发育与（001）解理无关。甘肃茇岭花岗岩

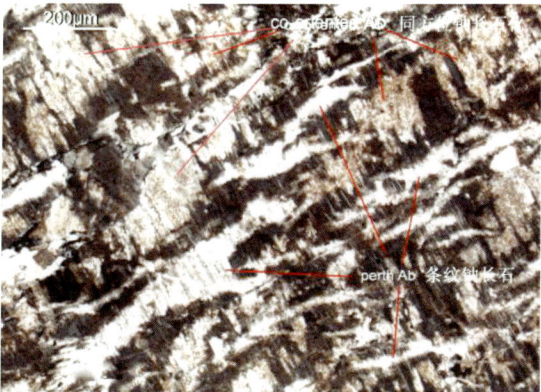

图 72 （+）。切面大致//b轴。K 遭同方位 Ab 化 (co-oriented Ab) 沿（010）呈层片状发育，连片成团块状，比较脏杂（水针铁矿化）。而条纹钠长石比较透亮。甘肃茇岭钠交代岩

图 73 （+）。切面大致⊥（010）。钾长石同方位钠长石化钠长石（K(Ab)）与条纹钠长石 (perth.Ab) 的形态、浑浊度和展布有所不同。甘肃茇岭钠交代岩

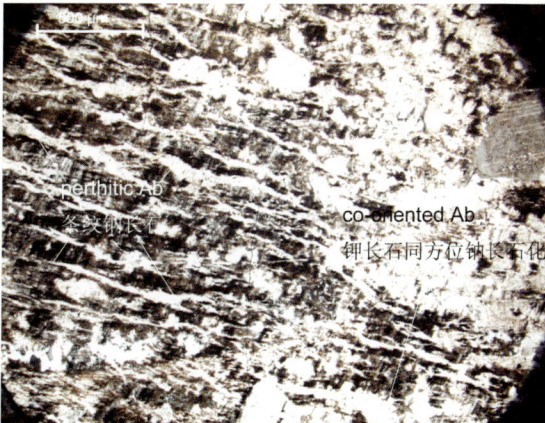

图 74 （+）。切面大致⊥（010）。K 右侧部位已遭团块状同方位钠长石化（co-oriented Ab）。甘肃茇岭钠交代岩

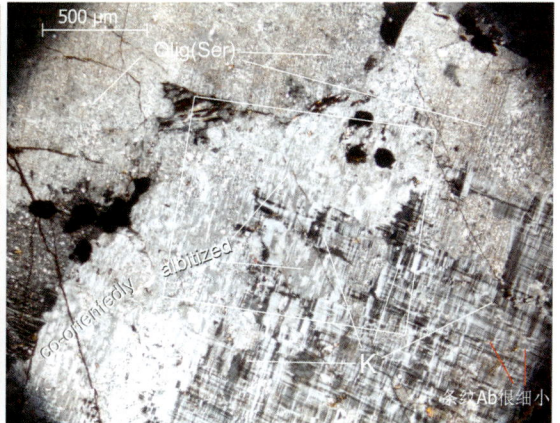

图 75 （+）。切面大致//b轴。奥长环斑的钾长石边部出现同方位 Ab 化。甘肃茇岭钠交代岩

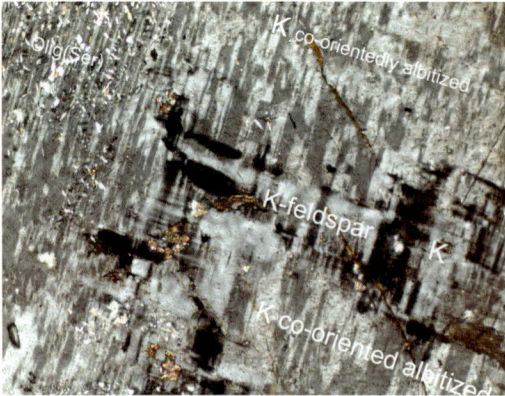

图76 (+)。图75放大。钾长石 K 同方位钠长石化 (K co-orientedly albitized)(深灰和浅灰宽双晶) 不同于奥长石绢云母化 (Olig(Ser))(显细密双晶纹) 和未变的钾长石 (K-feldspar K)(黑和灰格状双晶)

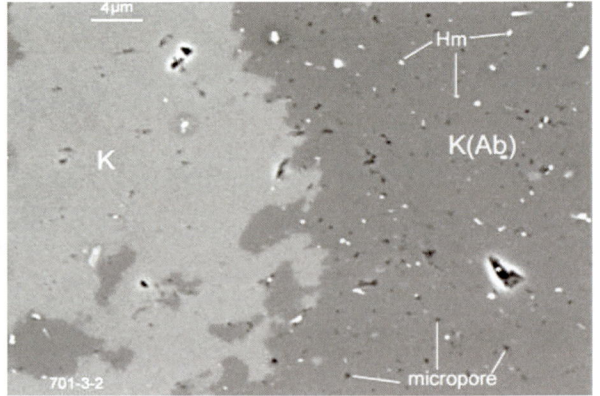

图77 背散射电子图像。K 与 K(Ab) 界面曲折，但清晰截然。K(Ab) 中发育较多微孔 micropore 和细小赤铁矿 Hm 质点。甘肃芨岭钠交代岩

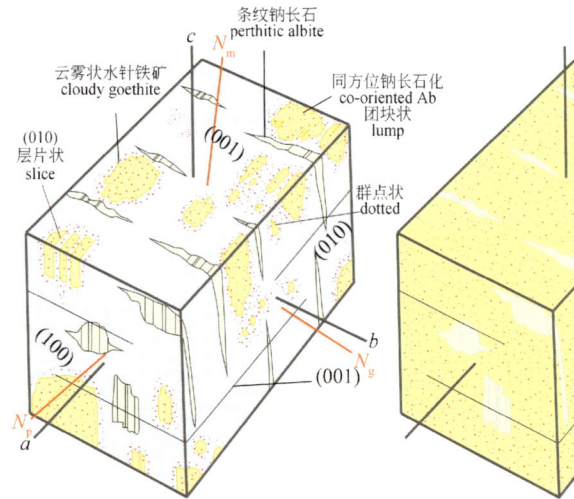

图78 钾长石同方位钠长石化与条纹钠长石形态分布示意图。同方位钠长石化从呈群点状 (伴有云雾状水针铁矿化)，层片状 (沿 (010) 面发育)，再发展成团块状，很快转为彻底同方位钠长石化 (右图)。它与条纹钠长石 (主要沿 Murchison 面 ($\overline{1}50\overline{2}$) 分布) 不同 (左图)

图79 (+)。钾长石彻底同方位钠长石化形成的钠长石显示棋盘状双晶 (A) 或斑驳状双晶 (B)。其单晶以 1，2 表示。A—切面⊥a 轴；B—切面接近⊥b 轴。甘肃芨岭钠交代岩

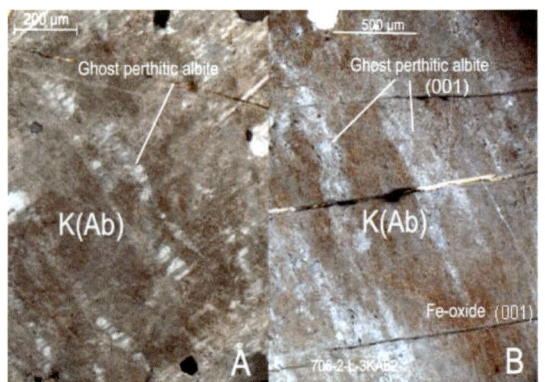

图80 (+)。钾长石彻底同方位钠长石化 (K(Ab)) 有时不显棋盘状双晶而呈浑浊状，可见较透亮的原条纹钠长石残留阴影 Ghost perthitic albite。A—切面大致 //b 轴。B—切面大致⊥b 轴。甘肃芨岭钠交代岩

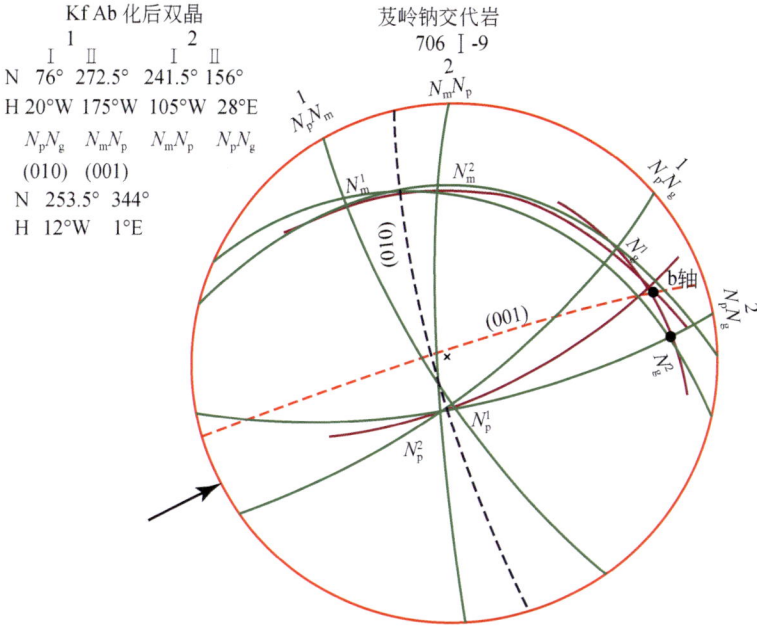

Kf Ab 化后双晶

	1		2	
	I	II	I	II
N	76°	272.5°	241.5°	156°
H	20°W	175°W	105°W	28°E

$N_p N_g$	$N_m N_p$	$N_m N_p$	$N_p N_g$
(010)	(001)		

N 253.5° 344°
H 12°W 1°E

芨岭钠交代岩
706 I -9

图 81　棋盘状钠长石双晶的单晶 1 和 2（图 79A）的光率体三个轴在吴氏网上投影图。1，2 两单晶的三个同名光率体轴连成的三个面（$N^1_p N^2_p$，$N^1_m N^2_m$，$N^1_g N^2_g$），相交于一直线，即为其双晶轴，该轴接近 b 轴（从投影图可看出），故作者暂称其为 b 轴双晶

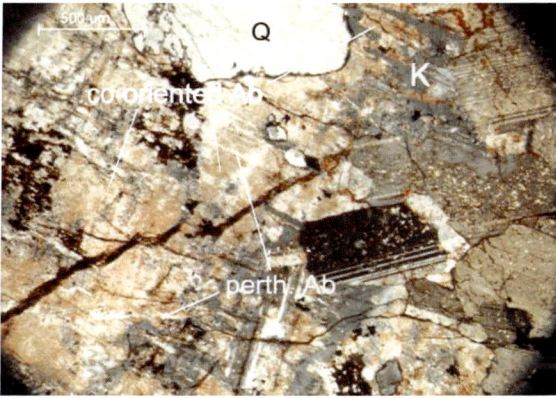

图 82　(+)。钾长石 K 的左侧已遭强烈同方位钠长石化 (co-oriented Ab)，但原生石英 Q 完好保存。甘肃芨岭钠交代岩

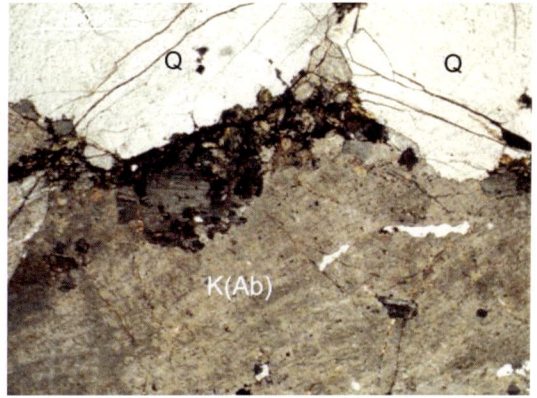

图 83　(+)。钾长石已彻底被同方位钠长石化(K(Ab))，但原生石英 Q 仍完好保存。甘肃芨岭钠交代岩

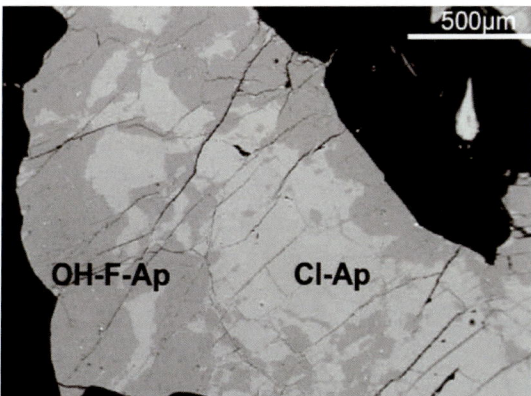

图 84　BSE 图像。氯磷灰石 Cl-Ap 部分地被羟氟磷灰石 OH-F-Ap 同方位交代。挪威南部 Ødegården 变辉长岩中磷灰石金云母脉 (Engvik et al.,2009)

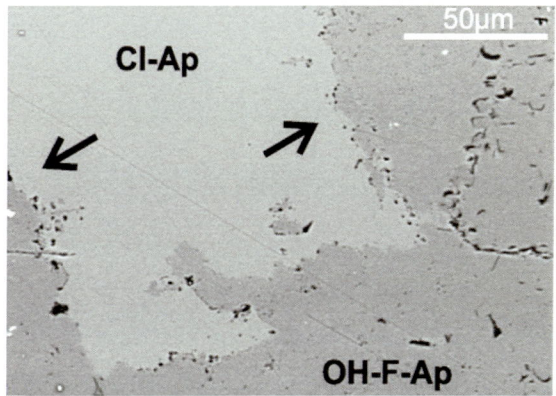

图 85　BSE 图像放大。Cl-Ap 很少含微孔。OH-F-Ap 中微孔较多见，尤其沿交界面（箭头所指）。根据 Engvik 等 (2009)

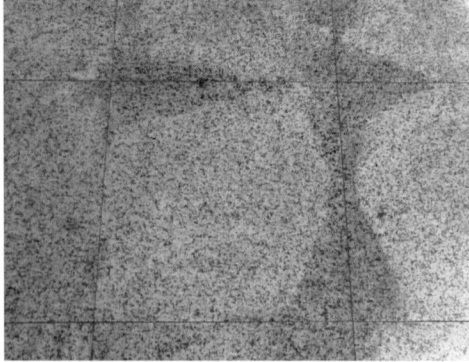

图 86 大厅地面均质花岗岩抛光石板上显示有油水印迹，目前石板是干的。至少说明现今污水可以浸入致密的石板中，尽管不知其深度如何

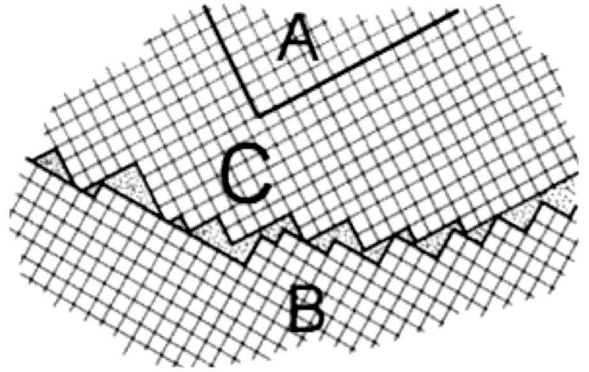

图 87 A 与 C 的结晶格架方位一致或类似，交界严密无缝隙。B 与 C 方位不一致，或属两种不同的矿物，其交界不严密，必有缝隙

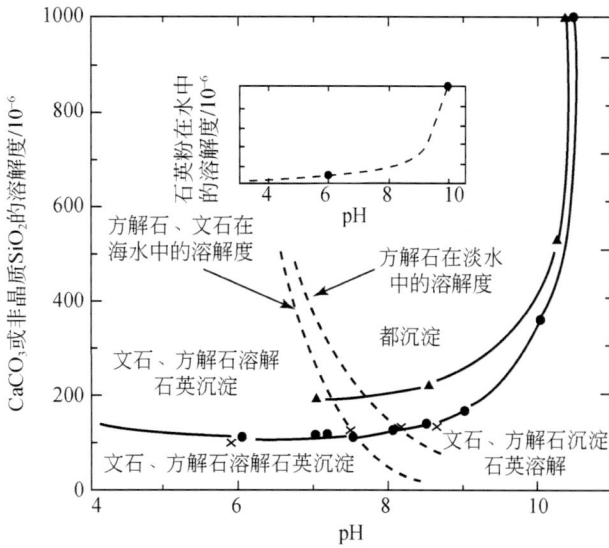

图 88 在近 25℃，不同 pH，对碳酸钙，石英，非晶质二氧化硅的溶解度效应（引自 Friedman et al., 1974）。纵坐标为碳酸钙或非晶质氧化硅的溶解度（10^{-6}），横坐标为 pH；非晶质二氧化硅——实线（Heydemann 1966）；黑圆点（Alexander et al., 1954）；黑 x（Krauskopf, 1956）；黑三角（Okamoto, et al., 1957）。碳酸钙——右虚线为在淡水中，左虚线为在海水中（Correns, 1950）。上小图为石英粉在水中的溶解度（Heydemann, 1966）

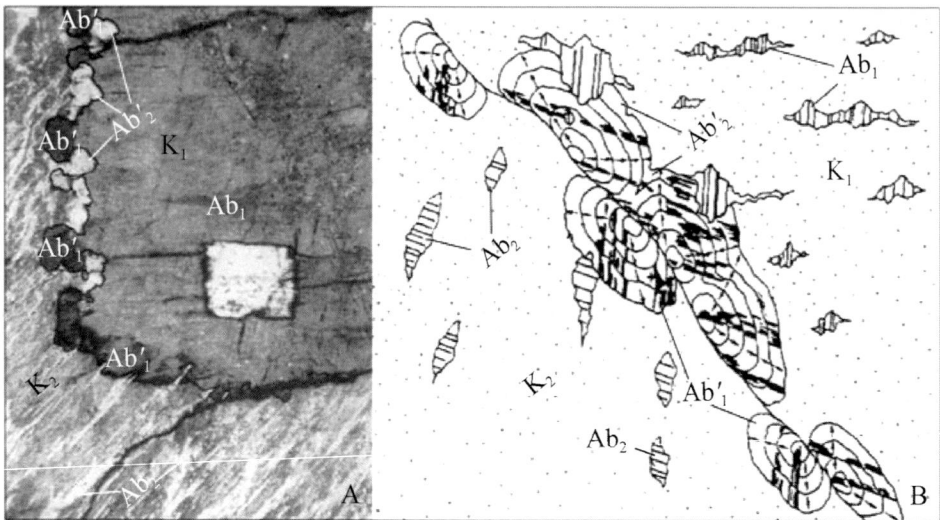

图 89 对错交代钠长石的生长过程。A—(+)，对错交代钠长石（Ab_1'，Ab_2'）化初期阶段。B—逐渐向前交代生长，交代不掉的原地残留，侧向合并形成对错两排

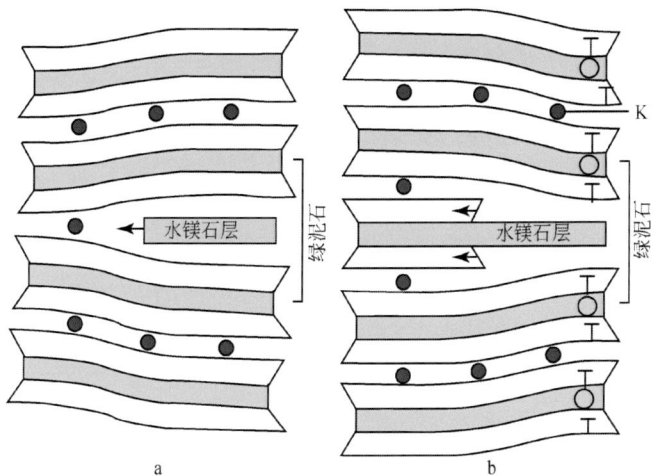

图 90 黑云母转变为绿泥石的两种不同的替代机理（引自 Veblen and Ferry，1983）。垂向比例尺明显夸大。黑点表示钾阳离子内层。箭头表示替代方向

a—机理 1，以一层似水镁石 (Brucite layer) 替代黑云母的两 TOT 层中的钾内层，使体积膨胀

b—机理 2，以形成一层似水镁石层替代黑云母两个钾内层和两个四面体层，使体积收缩

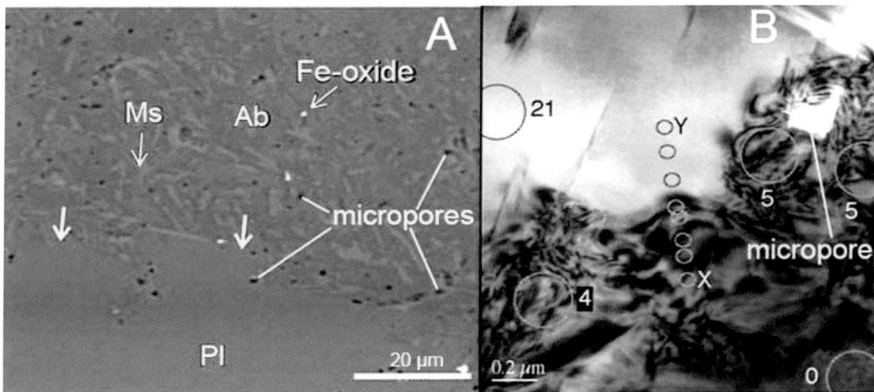

图 91 斜长石（Pl，An_{21}）遭绢云母化钠长石化的背散射电子图像和亮视域透射电镜图像（据 Engvik et al.，2008）

A—背散射电子图像。Pl(An_{21}) 绢云母化变为 Ab(An_2)。Ab 与 Pl 界线（白色箭头指示）清晰。Ms—白云母，Fe-oxide—铁的氧化物。Ab 中有众多微孔 micropores（黑点）

B—亮视域透射电镜图像。上部灰色为斜长石，下部灰黑色为钠长石。两者界线截然分明。圆圈为成分测点，旁侧数字为斜长石号码。右上白色为微孔

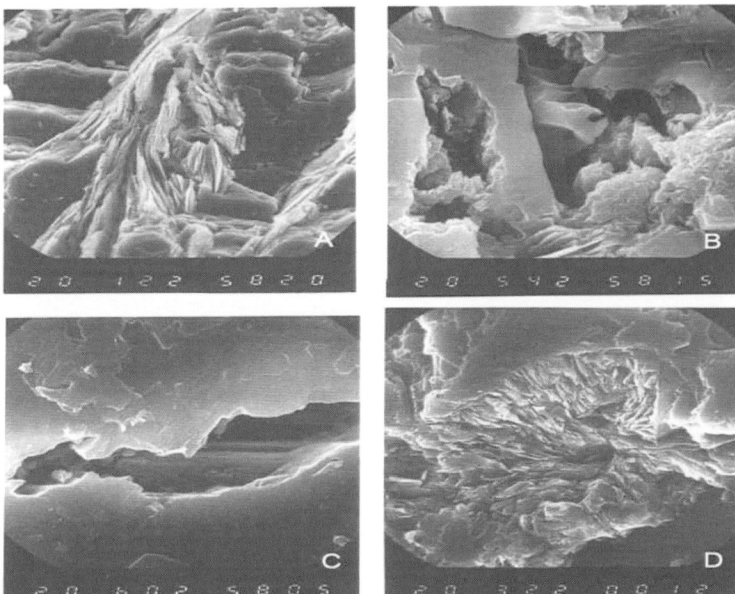

图 92 斜长石碎片的扫描电镜显微照片（二次电子图像）（据 Que and Allen，1996）。

A—蚀变斜长石中的绢云母和微孔。图宽 65 μm。

B—斜长石中微孔。图宽 14 μm。

C—斜长石中不规则长形微孔。图宽 13 μm。

D—绢云母片填在斜长石微孔中

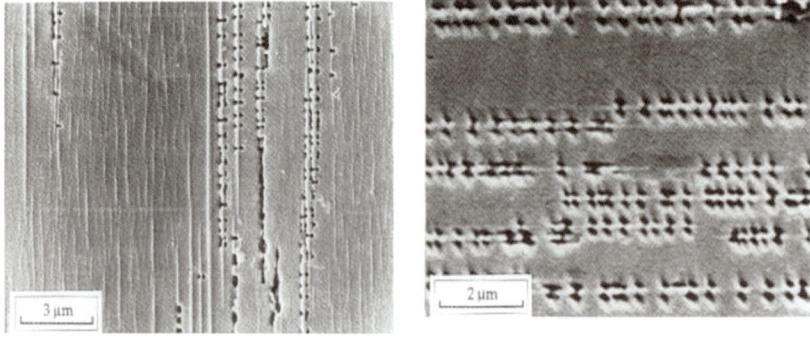

图 93　钾长石碎片经 HF 蒸汽蚀刻扫描电镜二次电子图像。左图为沿解理（001）碎片。宽度大于 100nm 的显微钠长石条纹（灰白色）边上有成对分布的蚀刻坑，而较细的条纹边部则无。左侧富细条纹部分和中央两条纹完全无空洞。右图为沿解理（010）碎片。成对分布的蚀刻坑紧挨钠长石条纹（灰白色）的两边。条纹变窄处无空洞。（图片和描述来自 Lee et al., 1995）

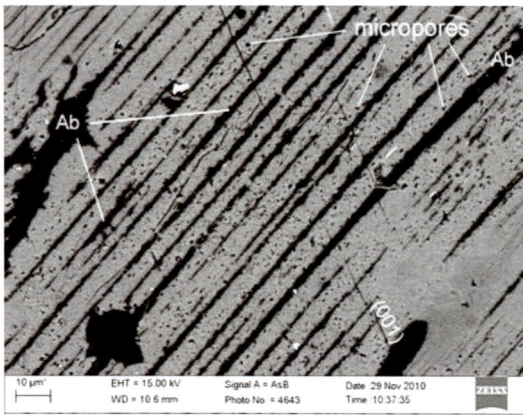

图 94　钾长石背散射电子图像。显微空洞多出现在发育显微条纹钠长石附近，而与（001）解理发育无关。在无条纹钠长石和在隐条纹长石的部位（右下和左上），则很少出现微孔。黄泥田石英正长岩

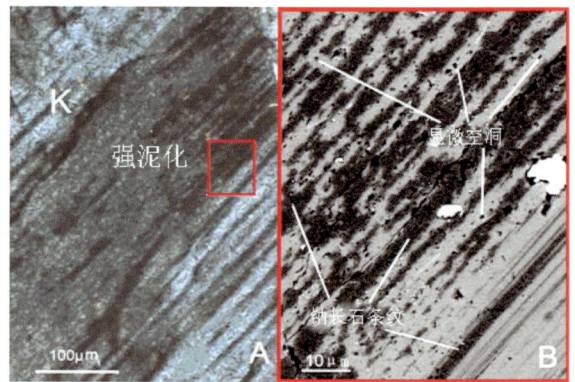

图 95　A—(+)。B—BSE 图像，为 A 图中小红方框放大。钾长石（灰色）强泥化部位钾长石条纹密集分布，显微空洞发育，而弱泥化部位条纹钠长石稀少，显微空洞不发育。广东阳江黄泥田石英正长岩

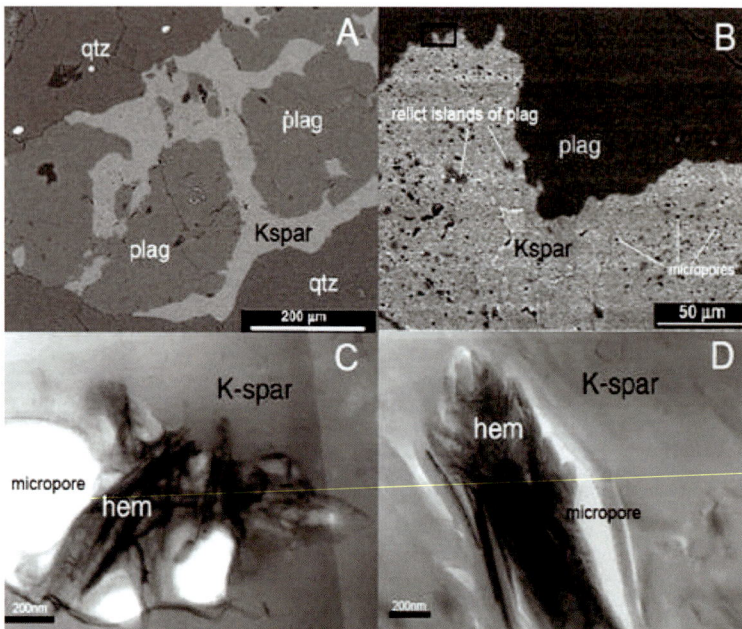

图 96　钾长石 Kspar 交代斜长石 Plag（转引自 Putnis et al., 2007）。

A, B—背散射 SEM 图像；C, D—透射电镜图像。

A—钾长石 Kspar 沿边界交代斜长石 Plag，含有斜长石残留体（美国加利福尼亚 San Marcos 闪长岩与花岗岩交界处）。

B—钾长石交代斜长石。钾长石中含许多微孔，并包含有斜长石的交代残留体（relict islands of plag）。

C—钾长石中的微孔中含针状赤铁矿 hem（Finnish granite，Svecofennian belt）。

D—同 C（巴西 Itapoã granite）

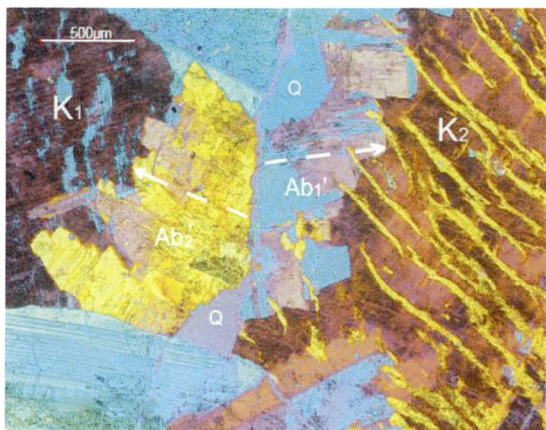

图 97 (+)Q。钾长石遭受强烈异方位对错交代钠长石化，但并未使钾长石发生同方位钠长石化。广东台山那琴花岗岩

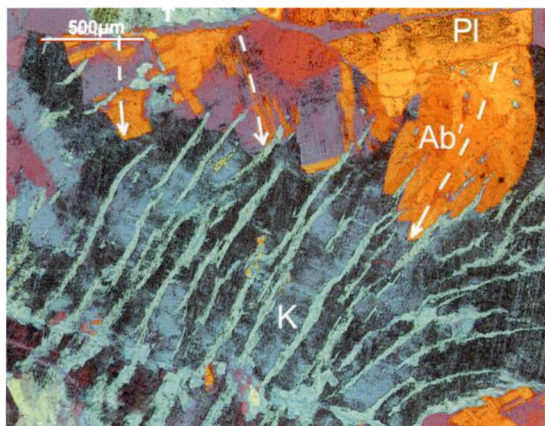

图 98 (+)Q。异方位钠长石化强烈，但未促使钾长石发生同方位钠长石化。广东台山那琴花岗岩

图 99 (+)。正常花岗岩中的钠长石净边。甘肃芨岭花岗岩

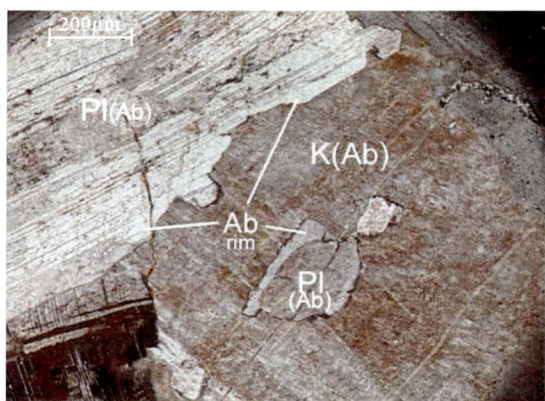

图 100 (+)。钾长石虽遭受彻底同方位钠长石化，但净边钠长石宽度没有增大。甘肃芨岭花岗岩

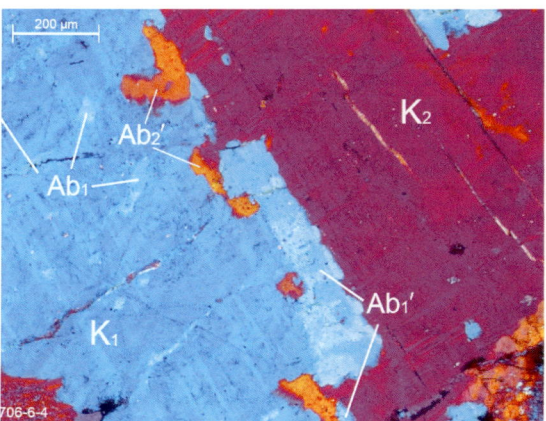

图 101 (+)Q。正常花岗岩中两钾长石交界处对错交代钠长石。甘肃芨岭花岗岩

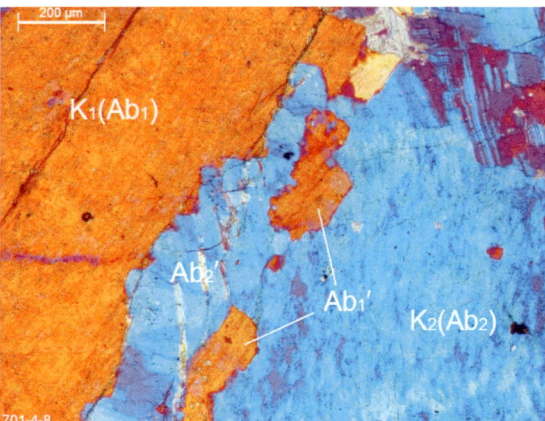

图 102 (+)Q。钾长石彻底同方位钠长石化没有使异方位钠长石化明显增强。甘肃芨岭钠交代岩

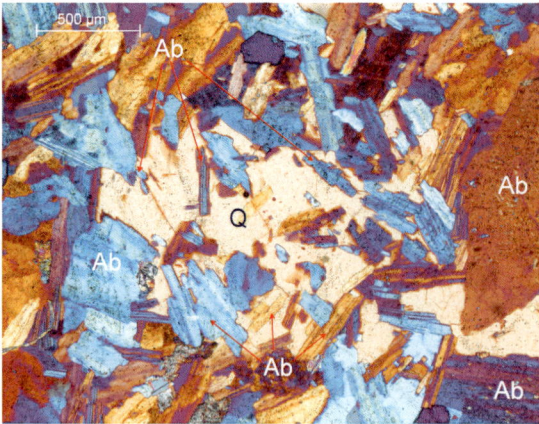

图 103　(+)Q。叶片状钠长石杂乱分布在石英中，形成石英钠长岩。江西雅山 Li-F 花岗岩

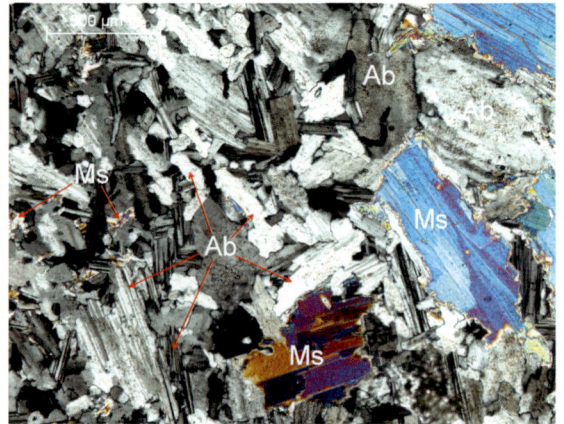

图 104　(+)Q。叶片状钠长石聚集成堆，和锂云母一起，形成原生的锂云母钠长岩。江西雅山 Li-F 花岗岩

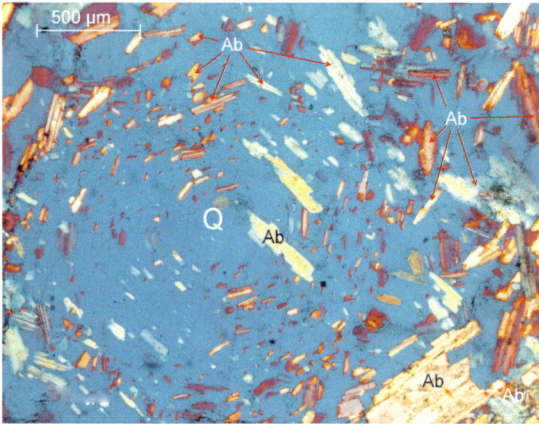

图 105　(+)Q。大颗粒石英中呈同心环状包裹小颗粒钠长石形成雪球构造。江西雅山 Li-F 花岗岩

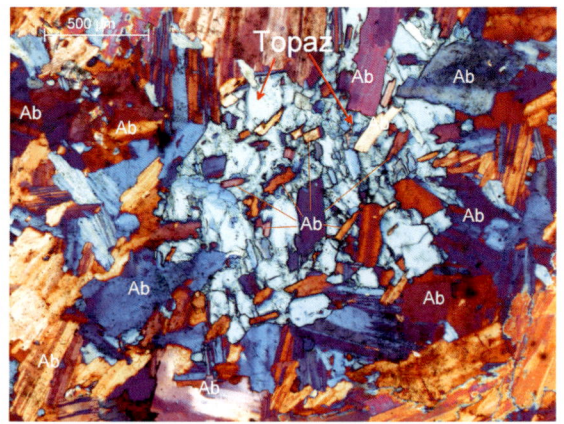

图 106　(+)Q。钠长石 (Ab) 小晶体被大颗粒他形黄玉 (Topaz) 晶体（浅绿蓝）包裹。江西雅山 Li-F 花岗岩

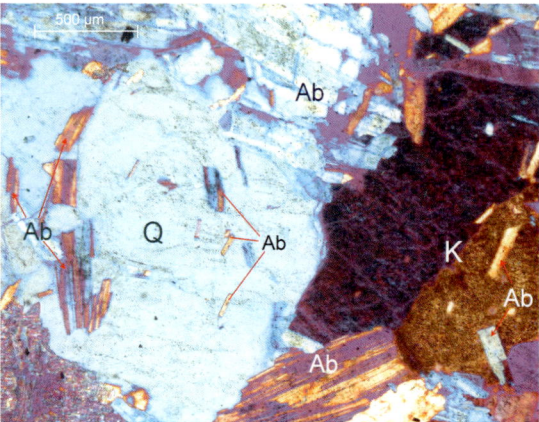

图 107　(+)Q。因钠长石不能交代石英，故石英中众多小颗粒钠长石应属原生。钠长石是可以交代钾长石的，但钾长石中的众多小颗粒钠长石大小形态与石英中的一致，故钾长石中的钠长石，也可判断属原生。江西雅山 Li-F 花岗岩

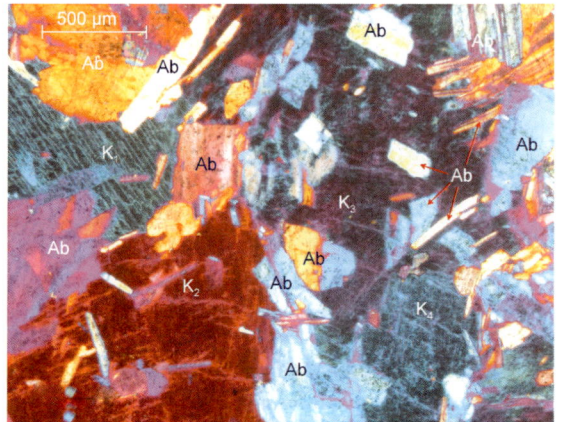

图 108　(+)Q。几颗钾长石（K₁,K₂,K₃,K₄）之间未见钠长石对错交代生长。其中所含钠长石大小、形态与石英中所含的一致。说明异方位钠长石化很不明显。故叶片状钠长石应属原生。江西雅山 Li-F 花岗岩

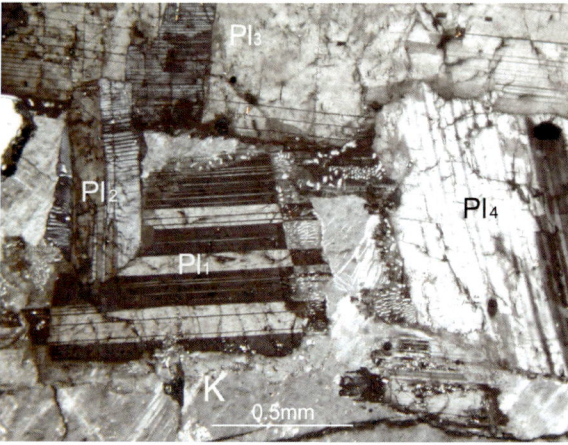

图109 （+）。蠕英石位于斜长石 Pl 与不同方位钾长石 K 交界处。斜长石之间无蠕英石。陕西蓝田花岗岩

图110 （+）。斜长石 $Pl_1(An_{28})$ 与钾长石 K_1，K_2，K_3 的交界处有蠕英石形成，其斜长石 An 达 14。与石英交界处则无蠕英石。陕西蓝田花岗岩

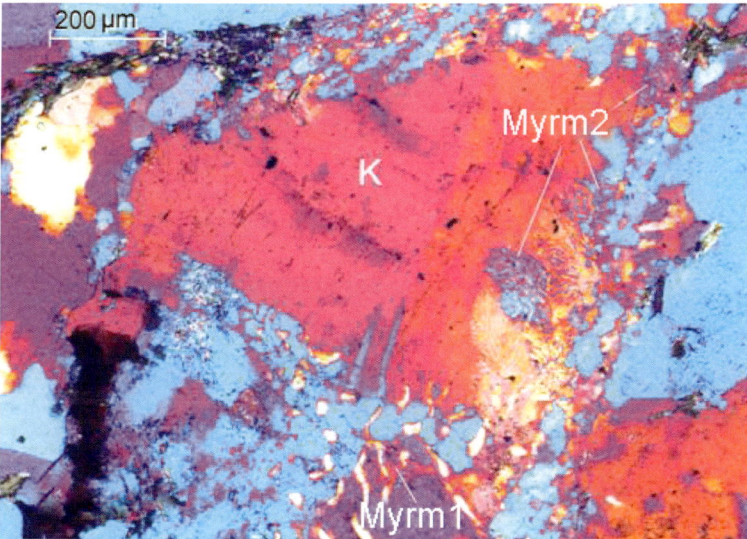

图111 （+）Q。瘤状或扇状蠕英石产于钾长石的边缘。粗蠕英石 Myrm1 和细蠕英石 Myrm2 分别存在。河北丰宁六道沟花岗岩

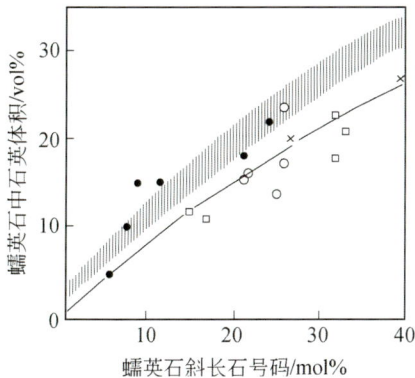

图112 蠕英石石英体积含量 (%) 与蠕英石斜长石号码 An 关系（根据 Smith, 1974）实线为按 Becke 交代模式和 Schwantke 出溶模式得出的理论曲线 (Ashworth, 1972)；竖细条弯宽带由 Becke(1908) 观察提出；黑圆点（Barker,1970）；交叉点（Phillips Ramsom, 1968）；空圆和空方点（Ashworth, 1972）为实测结果的投点。根据 Smith (1974)

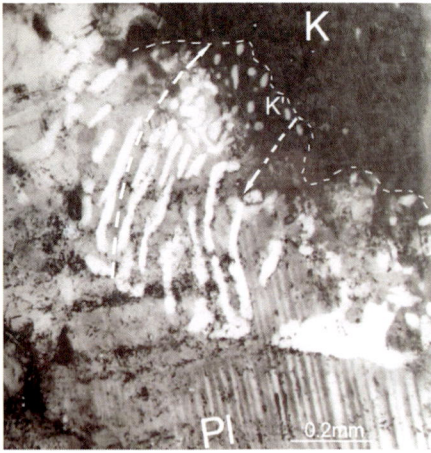

图 113 (+)。"鬼影"蠕英石是两次交代作用的叠加所致。蠕英石交代钾长石 K 在前。后发生钾长石化 K′，交代蠕英石中的斜长石，致使部分乳滴状石英残留

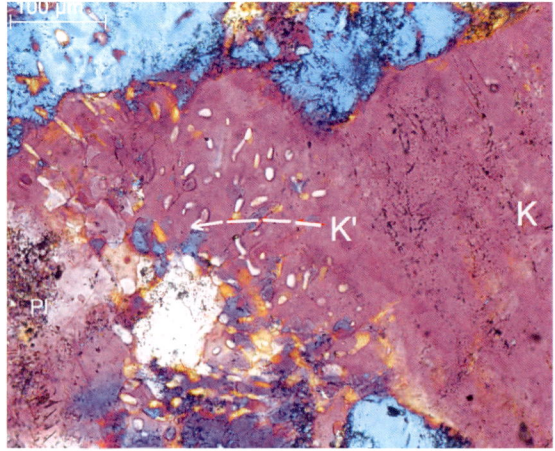

图 114 (+)Q。鬼影蠕英石。原来曾存在的蠕英石斜长石，被后来的钾长石化 K′ 交代，唯乳滴状石英残留。河北丰宁六道沟花岗岩

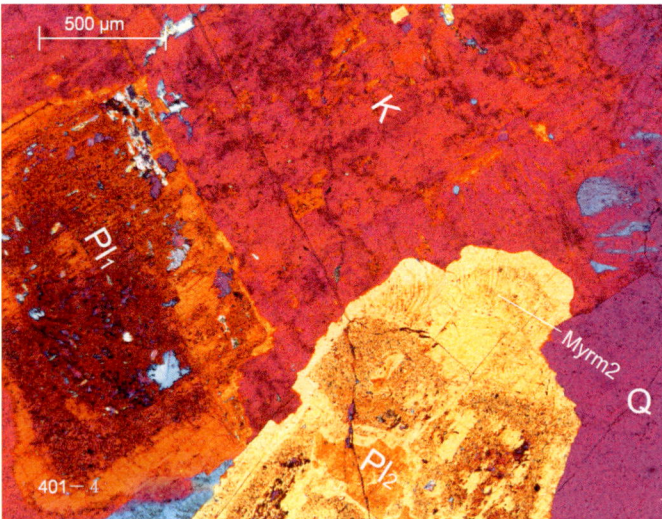

图 115 (+)Q。蠕英石 Myrm2 发育在斜长石 Pl_2 与不同方位钾长石交界处，而在与钾长石方位一致的斜长石 Pl_1 周边则无蠕英石出现。陕西蓝田花岗岩

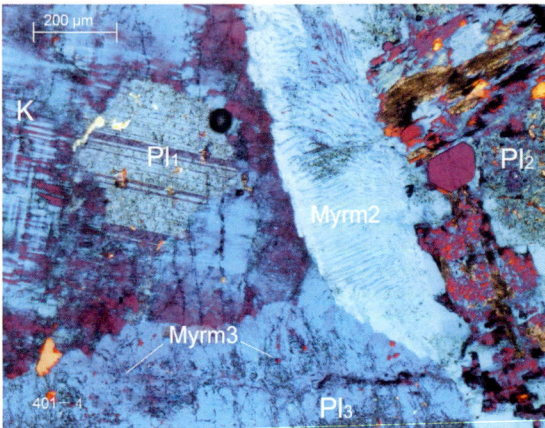

图 116 (+)Q。在明显有蠕英石 Myrm2，Myrm3 形成的环境下，与 K 方位一致的斜长石 Pl_1 周边则无蠕英石发育。陕西蓝田花岗岩

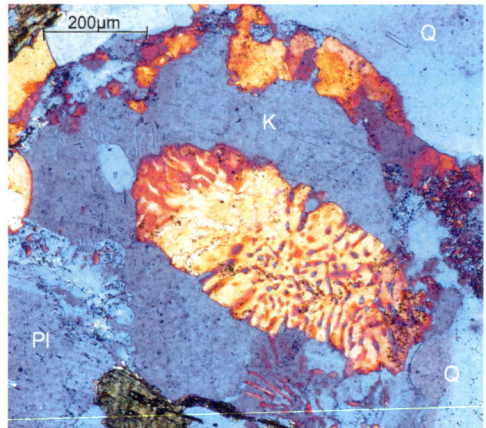

图 117 (+)Q。较大蠕英石位于较小钾长石中。河北丰宁六道沟花岗岩

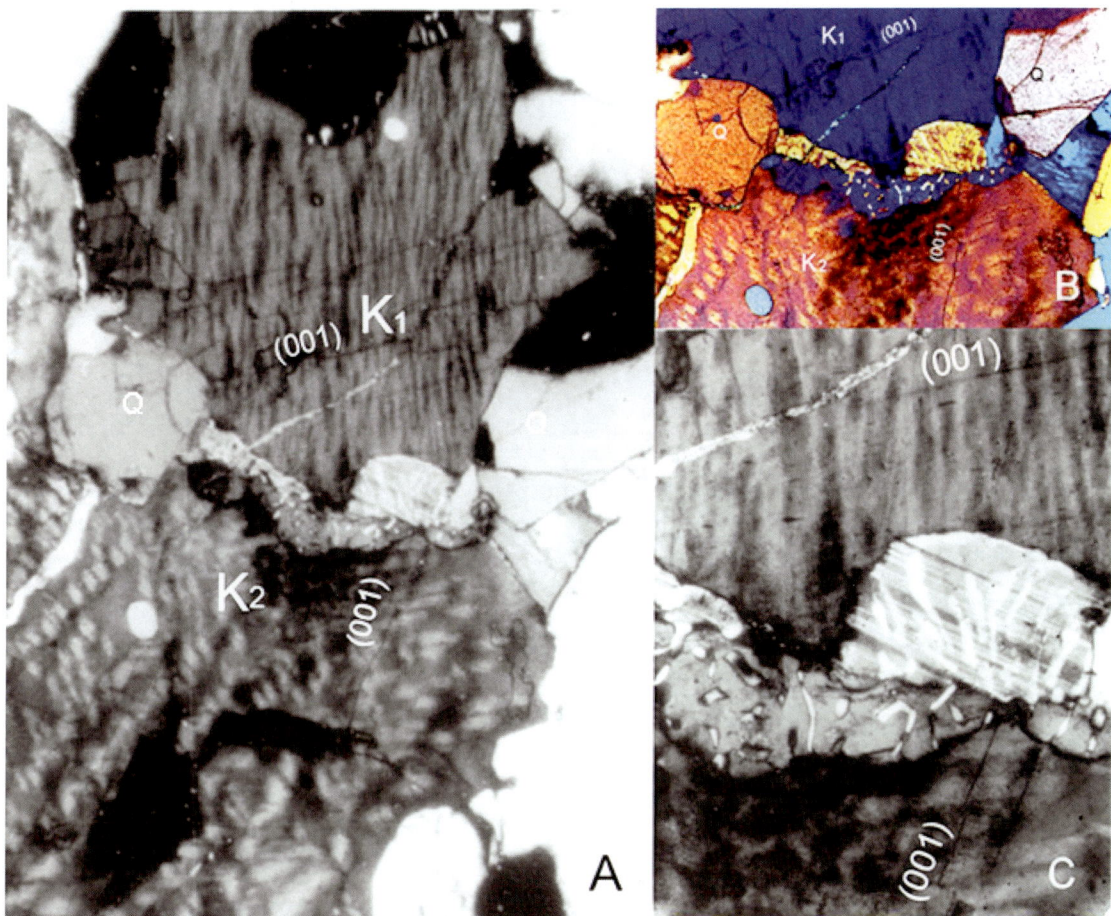

图 118　两颗不同方位钾长石的交界处出现（上下）两排蠕英石，分别与相隔的钾长石光性方位近似，结晶方位一致。从 C 图还可以看出上排蠕英石斜长石钠长石双晶纹与钾长石 K_2 的底面解理（001）几近垂直，说明它们的结晶方位确有联系

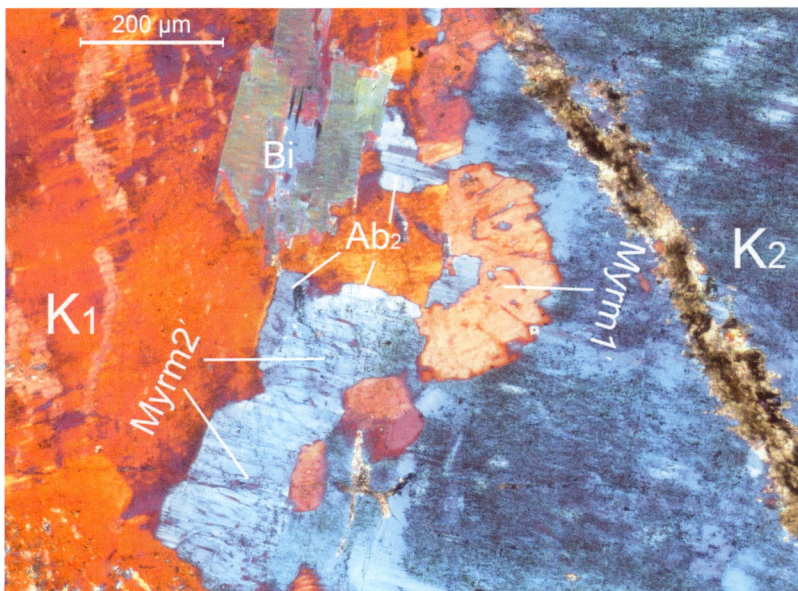

图 119　(+)Q。在两颗不同方位钾长石 K_1 和 K_2 交界处，出现由对错交代形成的边缘蠕英石 Myrm1′ 和 Myrm2′ 其方位分别与其背后贴靠的钾长石 K_1 和 K_2 的方位一致。此外，在 Myrm2′ 上再向 K_1 生长出钠长石 Ab_2′。陕西蓝田花岗岩

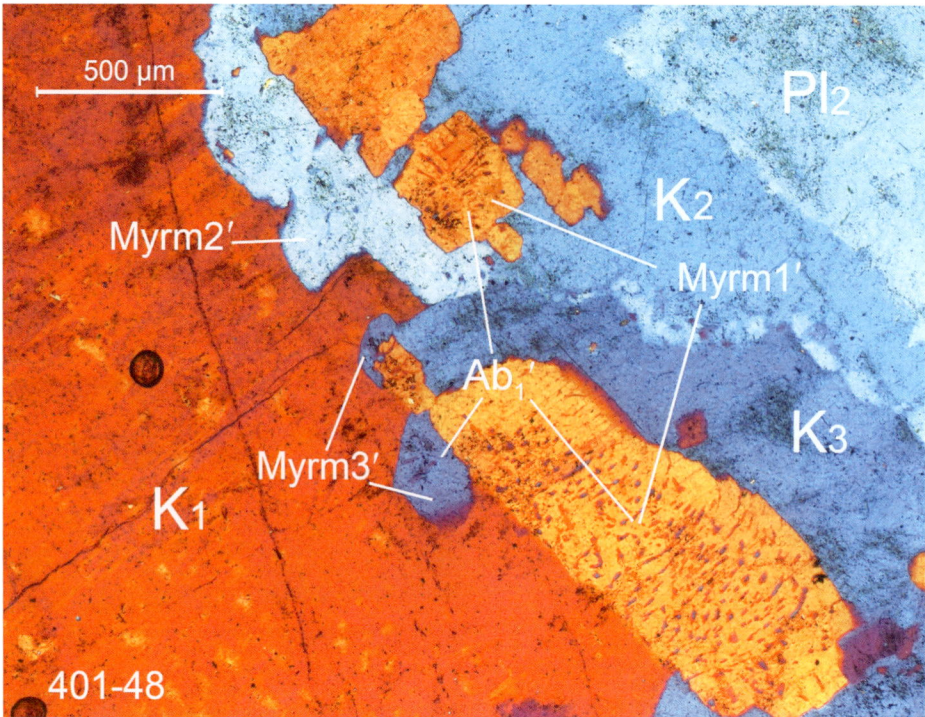

图 120 (+)Q。在不同方位钾长石 K_1 和 K_2 交界面上形成对错交代边缘蠕英石 Myrm1′ Myrm2′ Myrm3′。在蠕英石形成后还有钠长石 $Ab_1′$ 交代生长。但 Pl_2 与 K_2 方位一致，在 Pl_2 边缘无蠕英石向钾长石 K_2 交代生长。陕西蓝田花岗岩

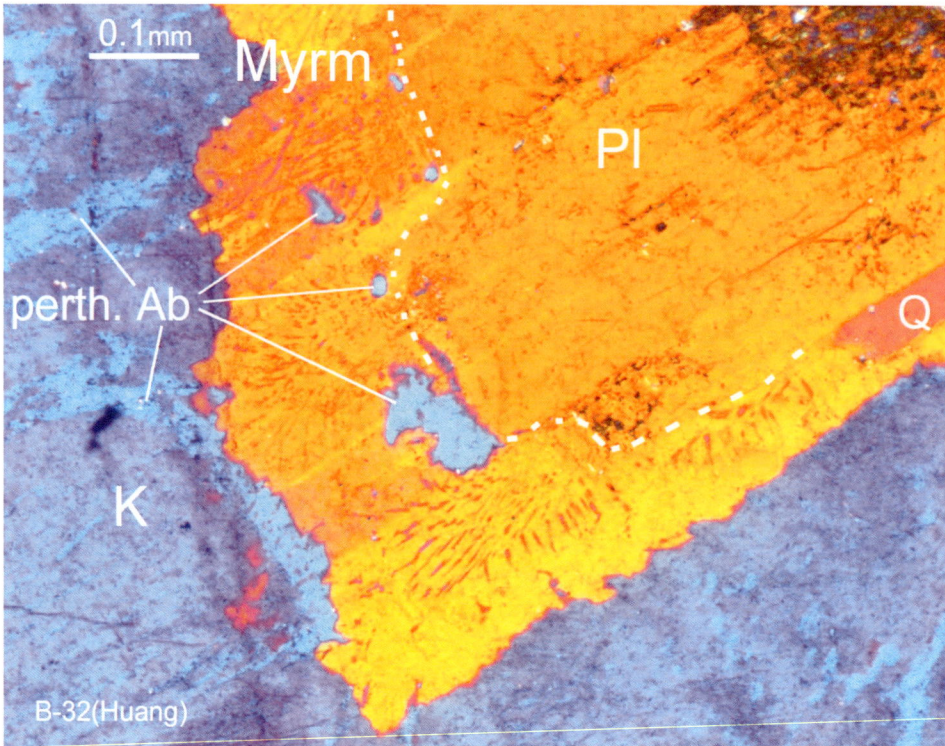

图 121 (+)Q。由于蠕英石比钠长石的交代能力强，在蠕英石中一般不易残留条纹钠长石 (perth. Ab)。但少数情况下，也见有条纹钠长石被交代的残留体

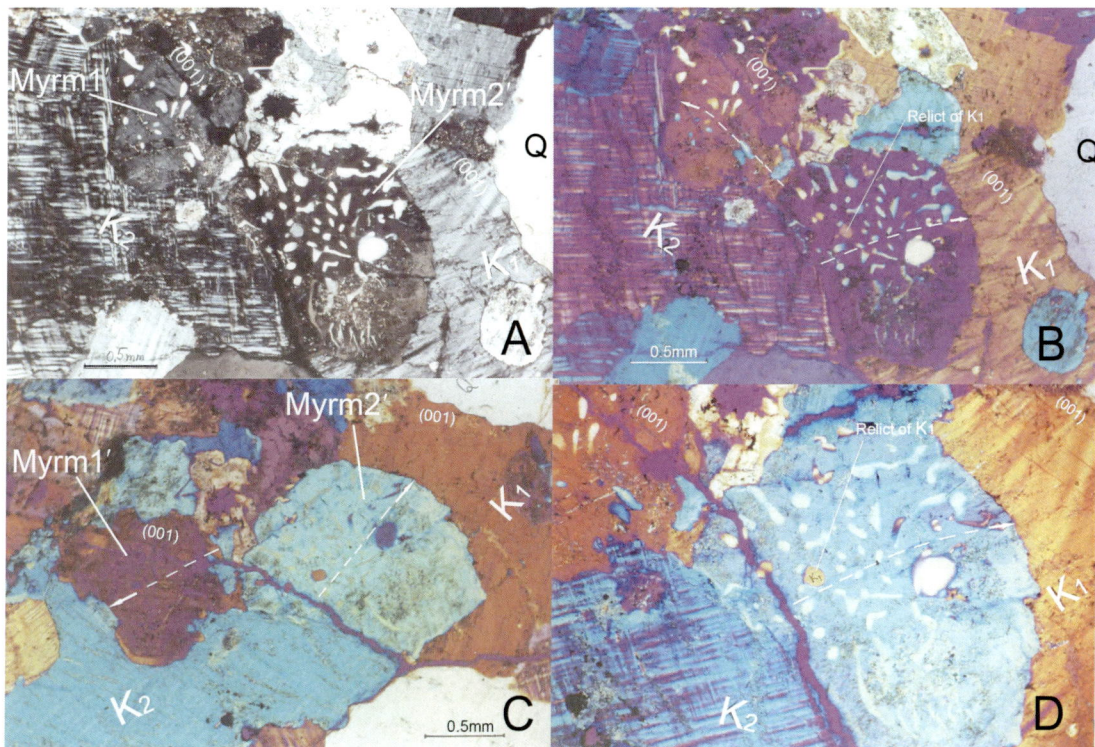

图 122　A(+); B,C,D (+)Q。两钾长石交界处出现两颗粗蠕英石。蠕英石 Myrm1′ 的斜长石 (001) 解理与 K₁ 的 (001) 平行，而 Myrm2′ 与 K₂ 中细小条纹钠长石方位很近似，表明它们分别与其背后的 K₁K₂ 结晶方位一致。 Myrm2′ 中还见有不改变方位的 K₁ 的残留体 Relict of K₁。这证明粗蠕英石是由对错交代形成。内蒙古狼山花岗岩

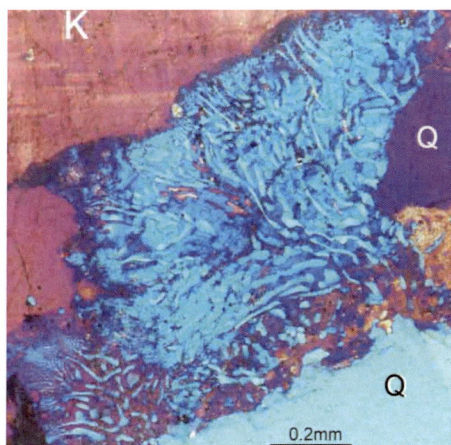

图 123　(+)Q。蠕英石宽度 >0.8mm。薄片未切到其贴靠的斜长石。似乎在石英上也可长蠕英石

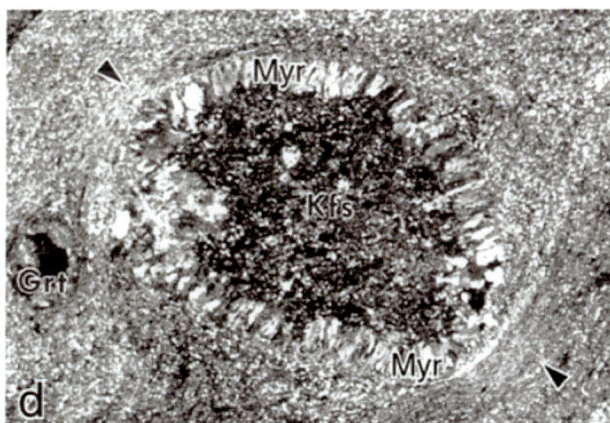

图 124　(+)。磨圆状残斑钾长石 Kfs 的四周，长出一层（厚达 1mm）冠状（Coronas）蠕英石 (Myr)。意大利东阿尔卑斯 Cima di Vila 超糜棱岩（照片取自 Cesare, 2002）

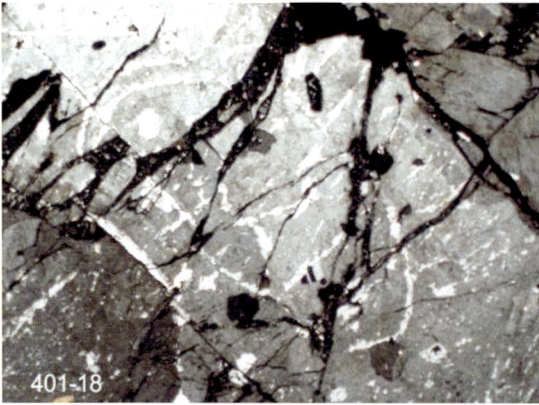

图 125 (+)。微斜条纹长石中部分条纹钠长石成环带状。陕西蓝田花岗岩

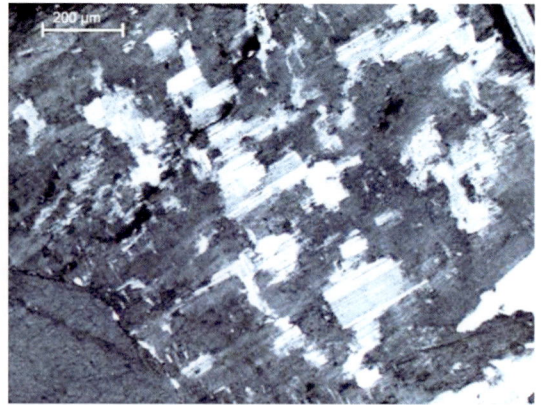

图 126 (+)。钾长条纹长石。薄片切面接近 //(100)，与条纹钠长石片小角度相交，使不少条纹显得宽厚

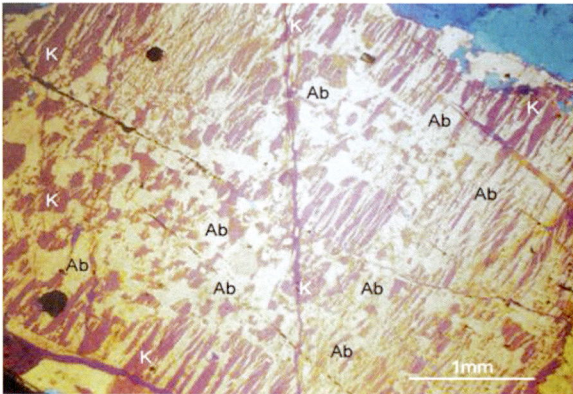

图 127 (+)Q。条纹长石中钠长石条纹的数量与钾长石几乎相等，甚至超过主晶（薄片号 29-106）。内蒙古狼山花岗岩

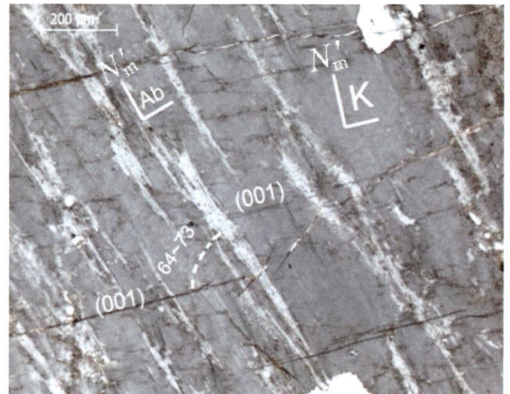

图 128 (+)。切面接近 ⊥ b 轴。可见条纹钠长石片与底面解理 (001) 夹约 64°~73°，且与条纹钠长石的光率体 N_m 在 (010) 面上的投影 N_m' 方向（靠近 c 轴方向）比较挨近（<9°）。广东台山那琴浅色黑云母花岗岩

图 129 (+)。钠长石条纹似乎成脉状穿切钾长石卡氏双晶的双晶结合面。细看双晶两边的条纹钠长石的干涉色，左上的较亮白，而右下的略显灰暗，有些差异。广东台山那琴花岗岩

图 130 (+)。具曼尼巴赫双晶两边的条纹钠长石条纹显然不切穿双晶结合面 (001)。广东台山那琴花岗岩

图 131 (+)。具 Baveno 双晶的条纹长石。条纹钠长石显然不呈脉状穿切双晶结合面

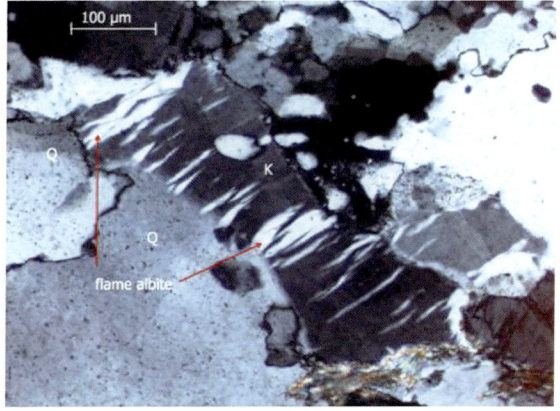

图 132 (+)。钾长石 K 中的火焰状条纹长石。新疆中天山花岗片麻岩

图 133 A (+);B (+)Q。火焰状条纹钠长石 Flame perthitic albite 出现在钾长石一端和边部。新疆中天山花岗片麻岩

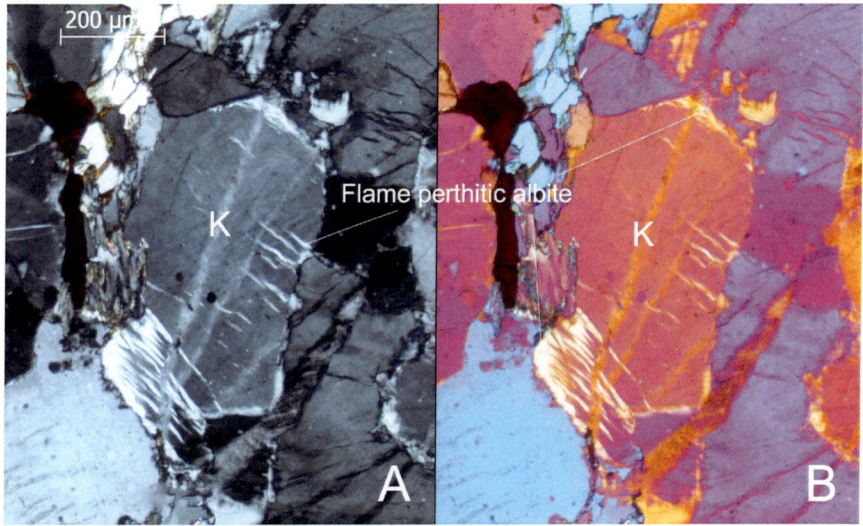

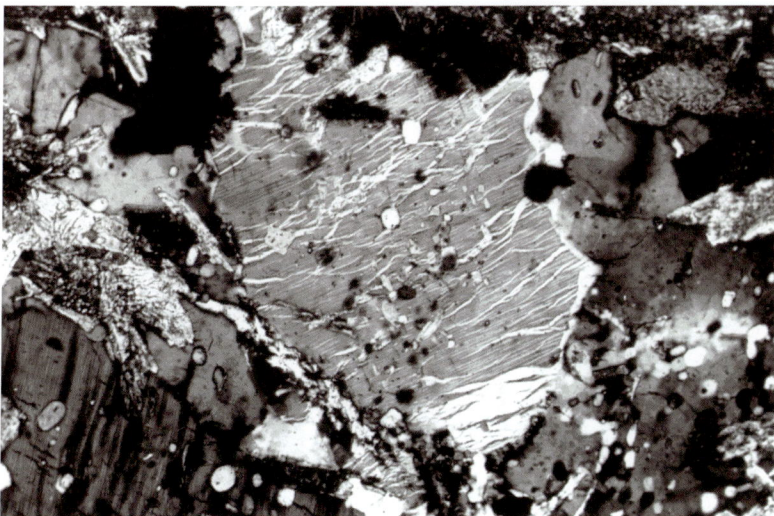

图 134 (+)。细密平行的条纹为出溶成因, 稍宽斜切的及不规则分布在下端及右侧的为火焰状条纹钠长石。图边宽 1.75mm. 照片来自 Vernon (1999)

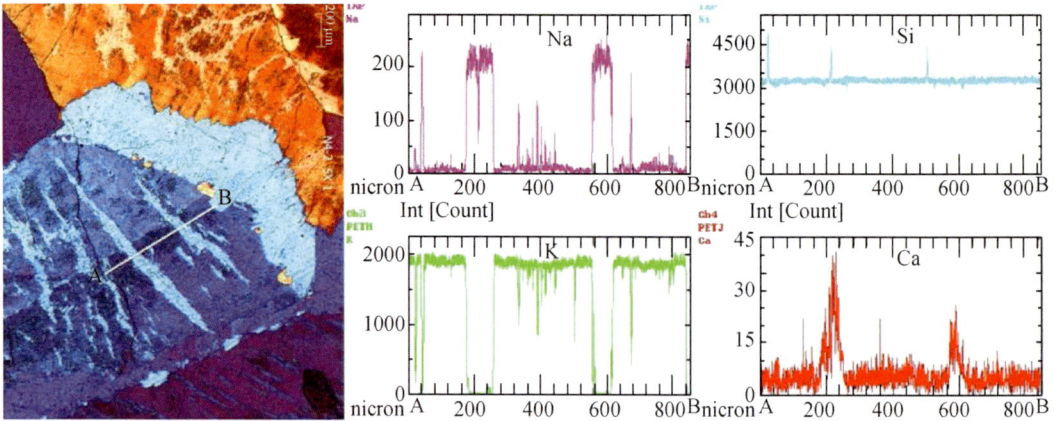

图 135　对钾长石（含条纹钠长石）作电子探针成分扫描，从 A 到 B，条纹钠长石显示其内核比外缘的 Ca 含量有增高趋势。钾长石的 Na, K, Ca, 和 Si 的含量都比较稳定，在靠近条纹钠长石边缘，Na 含量未显明显降低的迹象。广东台山那琴花岗岩 (光薄片号 N4)

图 136　(+)。钾长石中短柱状、等轴状斜长石小晶体呈凌乱分布。薄片切面沿 (010)

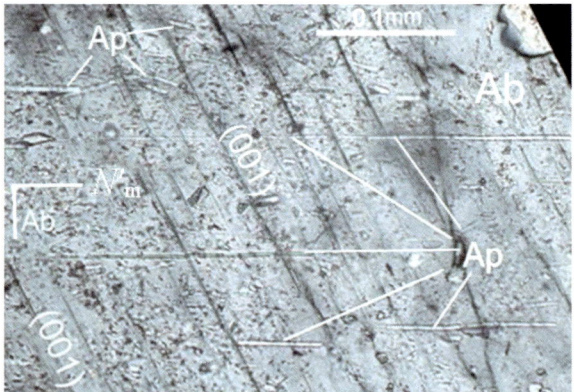

图 137　(+)。切面 //(010)。针状磷灰石 Ap 在原生钠长石中定向排列。也有一些短的，不平行排列。广东台山山背花岗岩

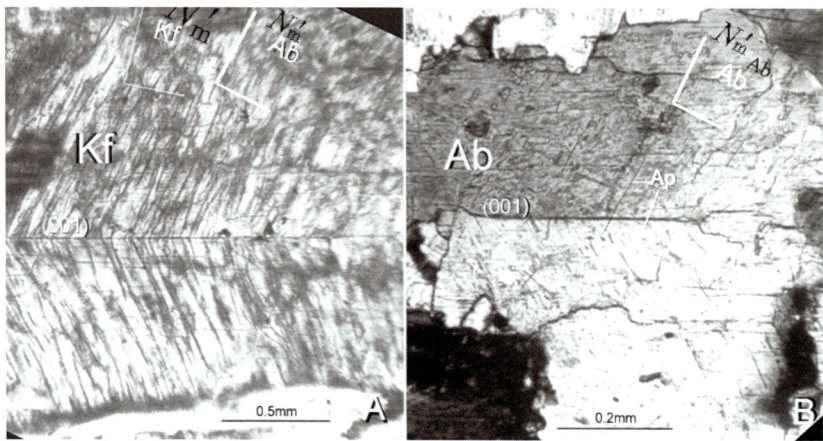

图 138　A(-); B(+)。切面近于 ⊥ b 轴（即 //（010））的具底面双晶的（A）原生钾长石 Kf 中钠长石条纹与（B）原生钠长石 Ab（An=4~10）中针状磷灰石 Ap 分布状况十分相似，都与条纹钠长石和钠长石晶体的 N_m 在（010）面上的投影 N_m' 近乎平行。广东台山山背花岗岩

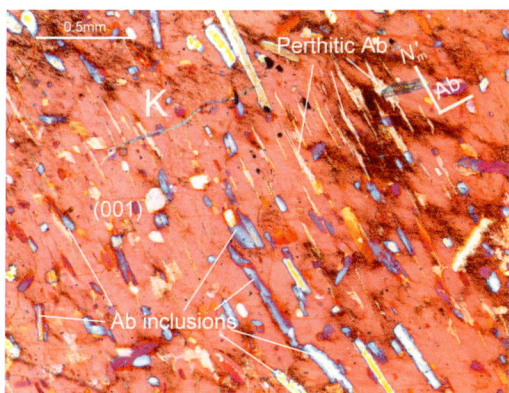

图 139 (+)Q。切面大致 // (010)。钾长石晶体中某些笔状钠长石包裹晶大致呈定向分布，与钠长石条纹 PerthiticAb 方向平行，且挨近条纹钠长石的 $N_m{'}$ 方向。广东诸广城口花岗岩

图 140 (−)。钾长石。切面大致 ⊥ b 轴。B 为局部放大。可见钾长石中含有针状磷灰石包裹晶 Ap。其中较粗大的①②③呈定向排列，与隐约可见的底面解理 (001) 呈 65° 夹角，并接近平行条纹钠长石的 $N_m{'}$ 方向。但④和其他许多细小磷灰石(在放大的 B 中可见)则为杂乱分布。纳米比亚罗辛伟晶状浅色花岗岩

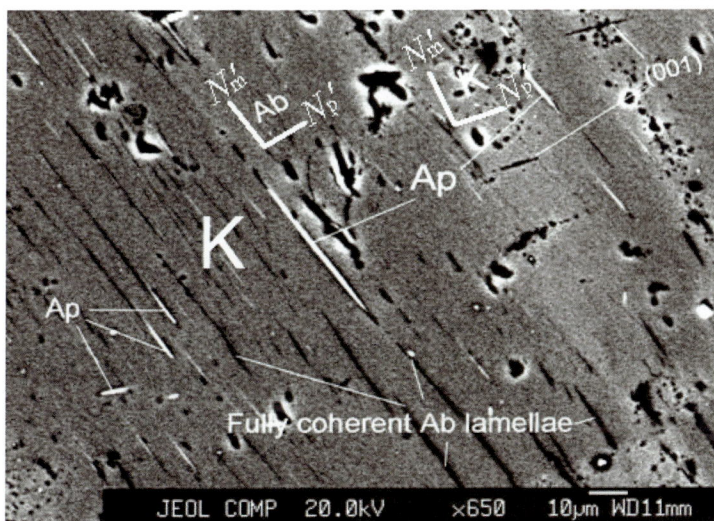

图 141 钾长条纹长石 K 的背散射电子图像。切面大致垂直 b 轴。钾长石(暗灰色)中细针状磷灰石 Ap(亮白色)包裹晶与钠长石细薄条纹(黑色)平行排列。纳米比亚罗辛浅色伟晶状花岗岩

图 142 (+)。切面大致 ⊥ b 轴。钾长石中密集平行细线状条纹钠长石可能因固溶体分离而成。较粗不很均匀大致平行的条纹钠长石，可能为同时结晶成因。它们都与 (001) 解理大角度相交，且与条纹钠长石的 $N_m{'}$ 方向挨近

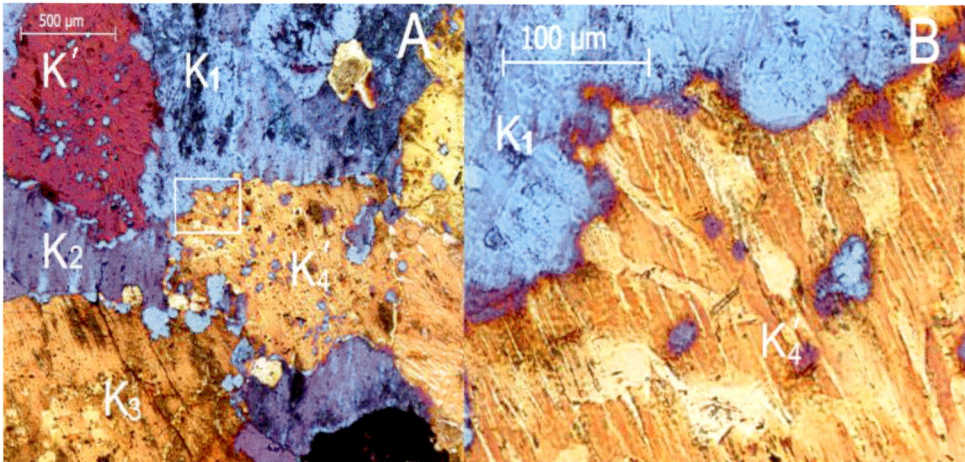

图 143 (+)Q。B 为 A 中小方框放大。交代钾长石 K_4' 中的粗蠕虫状钠长石 (宽几十微米) 可能为与 K_4' 交代同时形成,而细密 (宽一般 <3 μm) 平行的钠长石条纹可能为 K_4' 形成后因固溶体分离所造成。广东阳江黄泥田石英正长岩

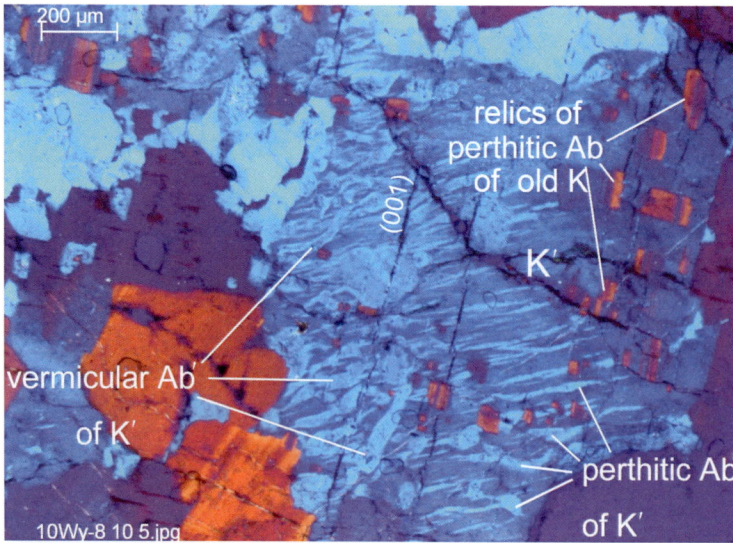

图 144 (+)Q。新生 K′ 交代了老的钾长石,使其条纹钠长石 (perthitic Ab) 残留。K′ 中条纹钠长石与 (001) 解理高角度相交。但其左侧钠长石条纹呈粗蠕虫状,像是交代生长过程中同时形成。新疆哈密尾亚角闪石英正长岩

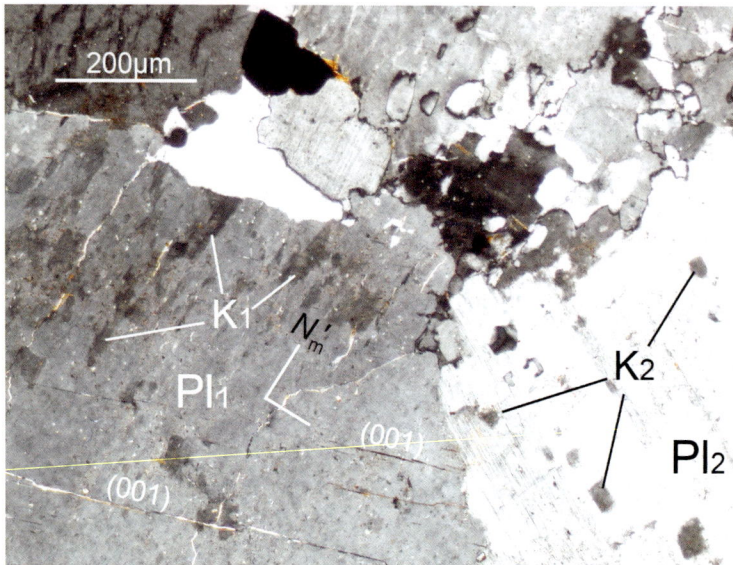

图 145 (+)。反条纹长石。沿 Pl_1 (An_{10})的 (010) 切面上,钾长石块体 K_1' 略呈定向,与底面解理夹 60°~70° 角。其延长方向与 N_m' 接近。新疆鄯善阿奇山一号花岗岩

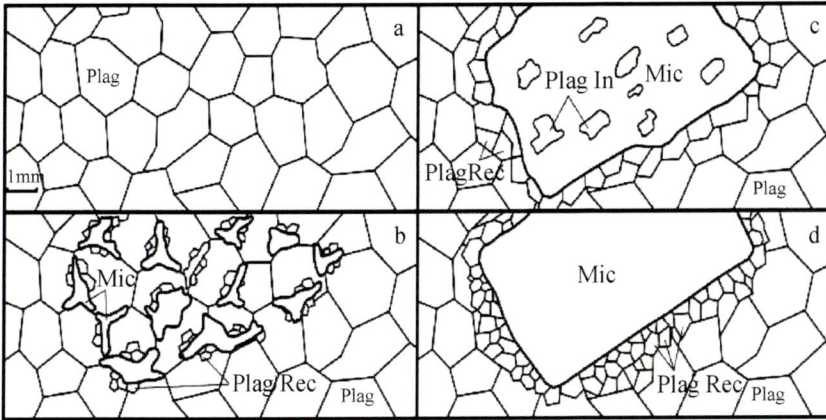

图 146 微斜长石交代斜长石并发育成长为变斑晶的系列图解。巴西 Niteroi 眼球状片麻岩（据 Hippertt，1987，转载自 Deer 等"造岩矿物"2001 年版 585 页）。Mic—微斜长石，Plag—斜长石，In—包裹体，Rec—重结晶

图 147 (+)。钾长石巨斑中斜长石包裹晶呈平行同心环分布（据 Collins，2002）。然而本书作者认为，大多数包裹晶只是长方向或较大晶面与钾长石生长晶面相平行而已，但它们的结晶方位则与主晶大多是不一致的。只有极个别的一致。美国加利福尼亚 Papoose Flat 深成岩

图 148 钾长石巨斑沿（010）切开切过中心。左半部未作处理。右半部经化学处理，含 Ba 高的染成红色，Ba 与 K 呈重复同心环带。沙钟形态显示包裹矿物沿晶面分布。美国加利福尼亚 Papoose Flat 深成岩（据 Dickson，1966）

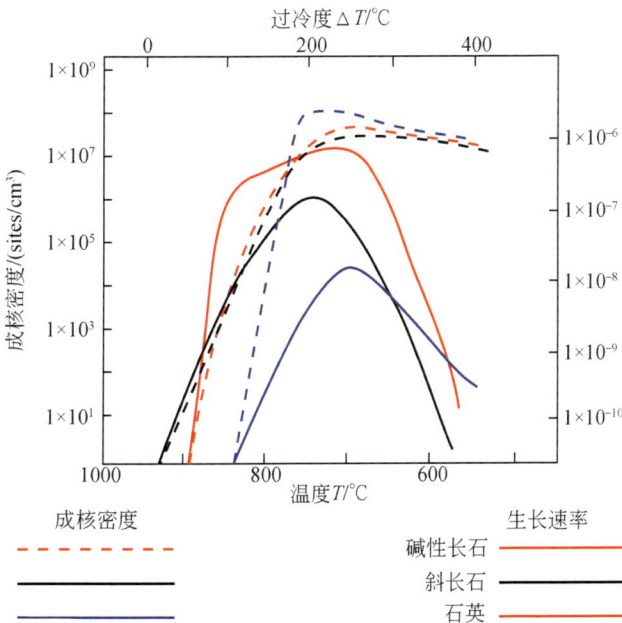

图149 人造花岗岩熔体(含水3.5%，压力 2.5×10^8 Pa) 矿物结晶的成核密度和生长速率与过冷度（$\Delta T = T_{液相线} - T_{结晶}$）的关系。在低过冷度结晶时，碱性长石的结晶生长速率远比斜长石快（大几倍至十几倍），而它们的成核密度则在同一级别范围（根据 Swanson，1977）

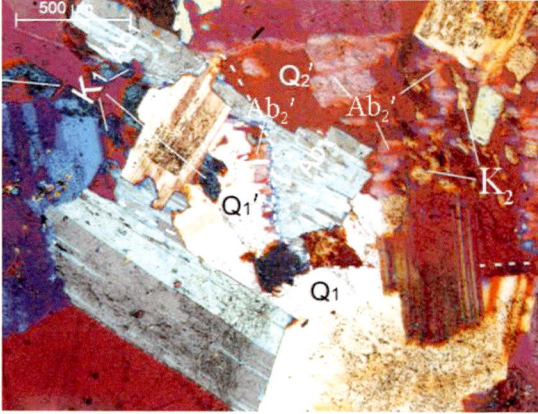

图 150　(+)Q。先发生两排对错交代钠长石 Ab₁'Ab₂'，后发生了石英化，形成 Q₁' Q₂'。虚线表示原来碱性长石 K₁Ab₁ 和 K₂Ab₂ 的大致范围。广东台山山背花岗岩

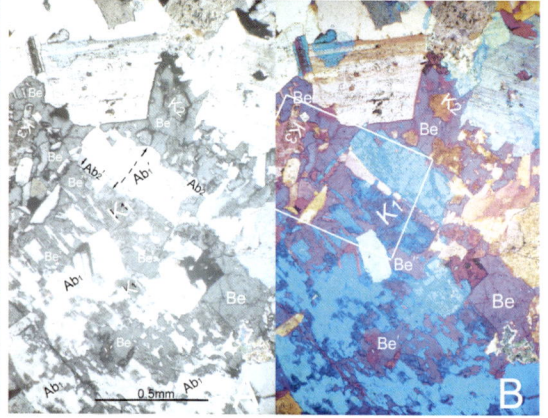

图 151　A (+)；B (+)Q。B 图右下的他形绿柱石 Be（在钾长石 K₁ 外）应属原生。在钾长石 K₁K₂K₃ 中不规则分布的绿柱石 Be'（其中常包裹有不改变方位的钾长石和条纹钠长石的残留体）应属交代成因。广东台山山背花岗岩

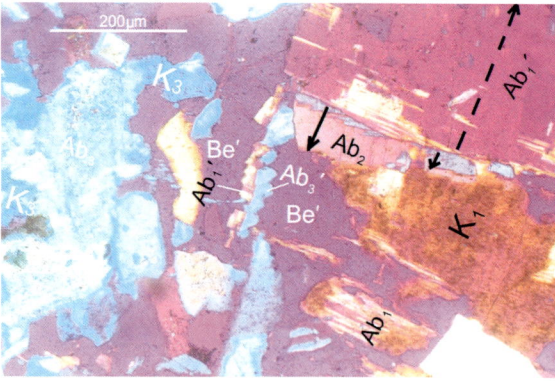

图 152　(+)Q。图 151B 中方框放大。鉴于现 Ab₁' Ab₂' 孤立分布于 Be' 包围之中，可判断先形成对错交代钠长石化形成 Ab₁' Ab₃'，后发生绿柱石化形成 Be'

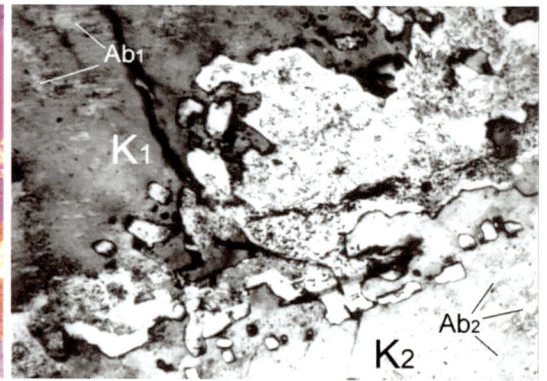

图 153　(+)。两颗钾长石 K₁ K₂ 的交界处出现复杂化。广东诸广黄沙塘二云母花岗岩（薄片号 3-21）

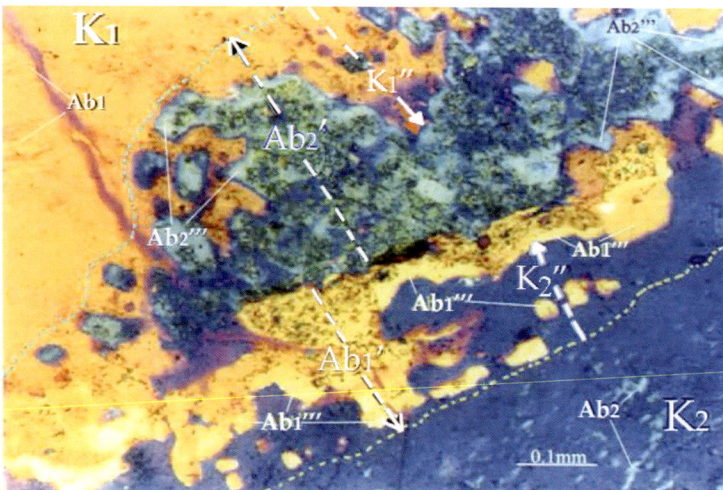

图 154　(+)Q。同图 153。可见这里有三次交代的叠加。第一次形成对错交代钠长石 Ab₁' Ab₂'；第二次发生钾长石化形成 K₁"、K₂"，部分交代掉 Ab₁' Ab₂'；第三次在 Ab₁' Ab₂' 与不同方位钾长石交界处又出现轻微的交代钠长石 Ab₁'" Ab₂'"。注意在 Ab₁' 与 Ab₂' 直接搭界处无第三次钠长石交代现象。广东诸广山黄沙塘花岗岩

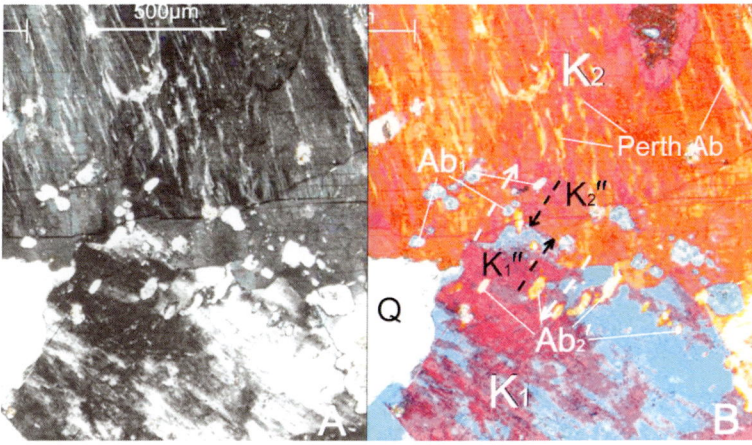

图155 A图，正交偏光下，在两颗钾长石交界处见有凌乱的钠长石小晶体散布。B图，加上石英试板后，见小晶体分为方位不同（上蓝下黄）的两堆，各与其后（相隔的）的钾长石中条纹钠长石方位近似。这是由两次交代叠加造成。第一次为对错交代钠长石化 Ab_1' 和 Ab_2'，宽达 0.3mm。第二次是钾长石化 K_1'' 和 K_2''，宽度也近 0.3mm，使两排钠长石只剩下两堆残余颗粒。广东诸广城口花岗岩（薄片号 4-16）

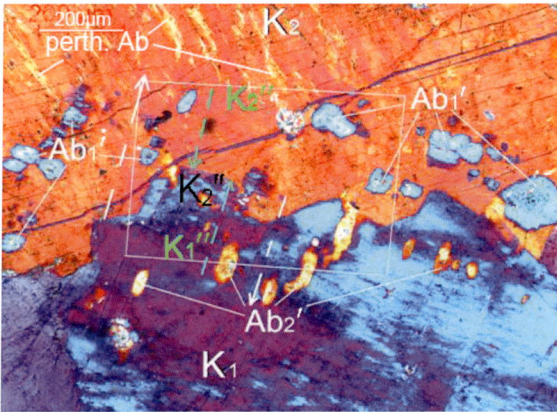

图156 (+)Q。图155B 放大。K_1'' K_2'' 中明显缺乏条纹钠长石 perth. Ab。K_1'' K_2'' 交界面较为曲折，是否由于钾长石化 K_1'' K_2'' 交代所致（作者怀疑）

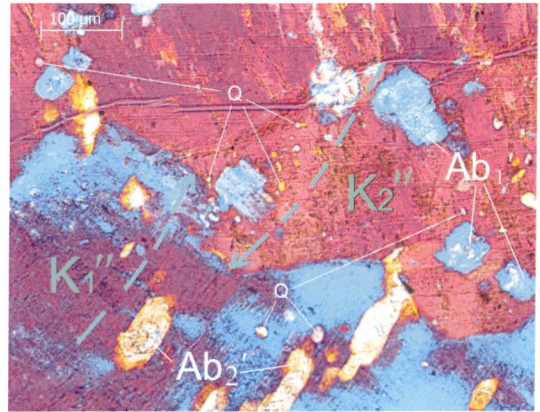

图157 (+)Q。为图156 放大。K_2'' K_1'' 中见有乳滴状石英 Q 小晶粒，而后者在原生 K_1K_2 中是没有的，显然是 Ab_1' Ab_2' 中所含蠕虫状石英被钾长石化交代所残留

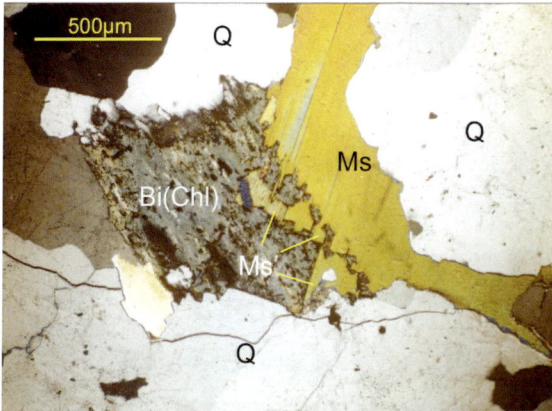

图158 (+)。原自形黑云母（绿泥石化，析出铁质）与他形白云母接触处出现复杂化。白云母可分为原生 Ms 和新生（交代生长）Ms' 两部分

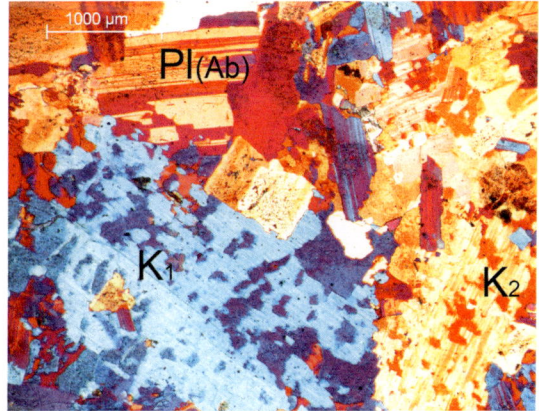

图159 (+)Q。碱性长石 K_1 K_2 由钾长石和很丰富的条纹钠长石构成。广东阳江北环花岗岩

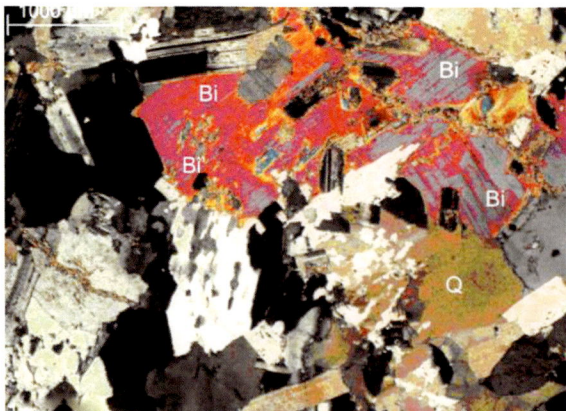

图 160 (+)。岩石中发生过黑鳞云母化 Bi' 和石英化 Q'，使碱性长石只剩下条纹钠长石残留体。广东阳江北环花岗岩

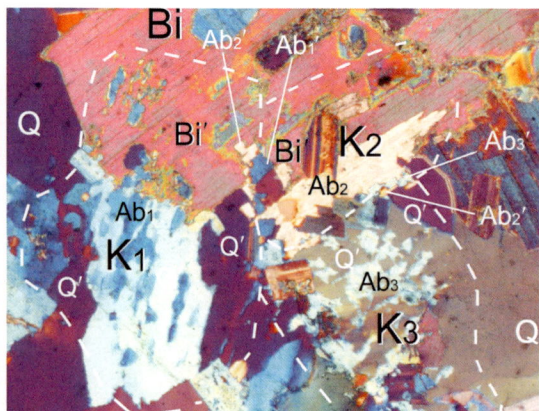

图 161 (+)Q。图 160 放大，从辨认出对错交代钠长石和条纹钠长石分布的位置可推测原为三颗碱性长石 $K_1K_2K_3$（虚线圈出）交界，可判断对错交代钠长石化应早于 Bi' 化和 Q' 化

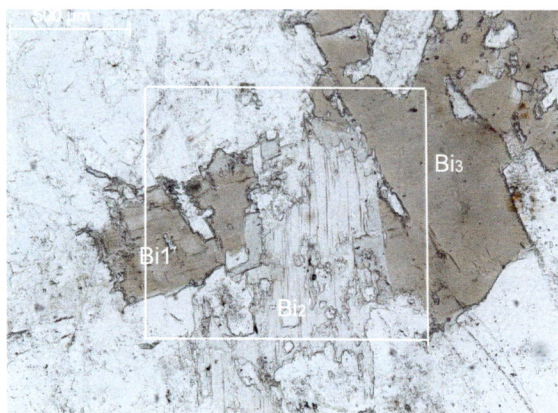

图 162 (-)。黑鳞云母 Bi_1' Bi_2' Bi_3 比一般黑云母多色性弱。广东阳江北环花岗岩

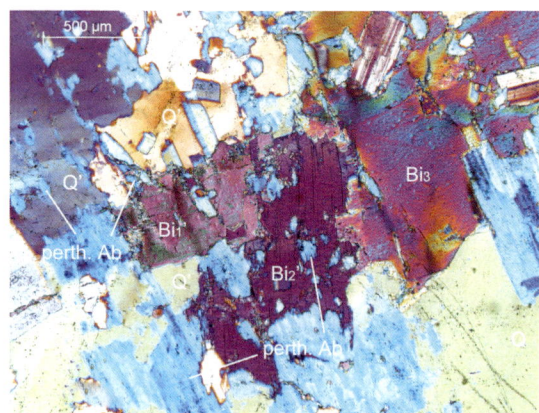

图 163 (+)Q。同图 162。因黑鳞云母 Bi_1' Bi_2' 和石英 Q' 之中含有条纹钠长石的残留体，应为交代碱性长石而成。但 Bi_3 整块纯净，无交代残留体，跟 Bi_1' Bi_2' 不同，有可能属原生。广东阳江北环花岗岩

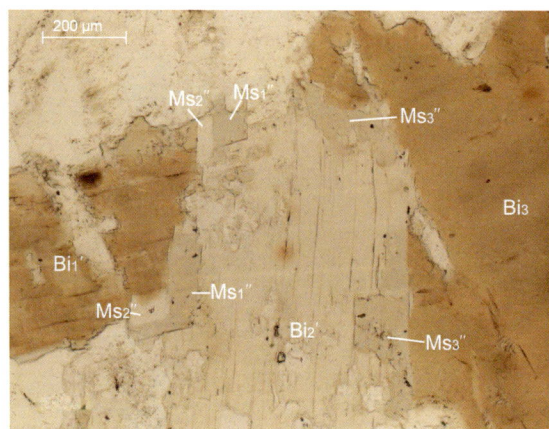

图 164 (-)。图 162 放大。在 Bi_1' 和 Bi_2' 交界处，有白云母 Ms_1'' Ms_2'' 的对错交代生长。Ms_3'' 为单向地朝 Bi_2'' 交代形成

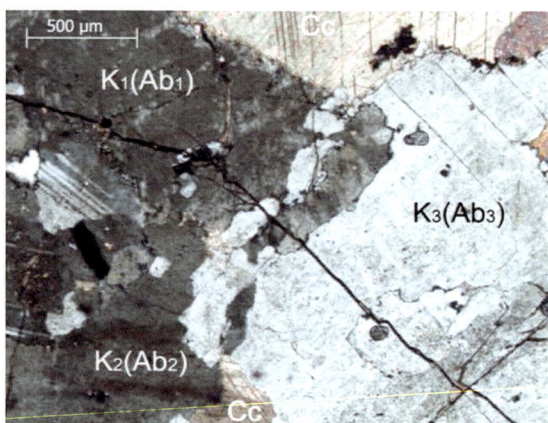

图 165 (+)。方解石 Cc 彻底交代了 Q，未交代已经同方位钠长石化了的 K(Ab)。甘肃芨岭钠交代岩

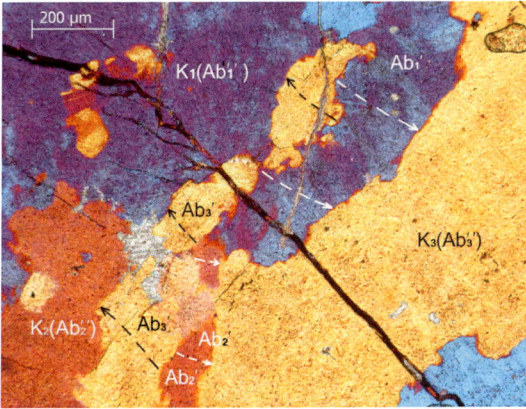

图 166　(+)Q。彻底同方位钠长石化了的原来钾长石颗粒交界存在两排对错交代的钠长石 Ab_1' Ab_2' Ab_3' 分别与其后贴靠的已同方位钠长石化的原钾长石方位一致。甘肃苳岭钠交代岩

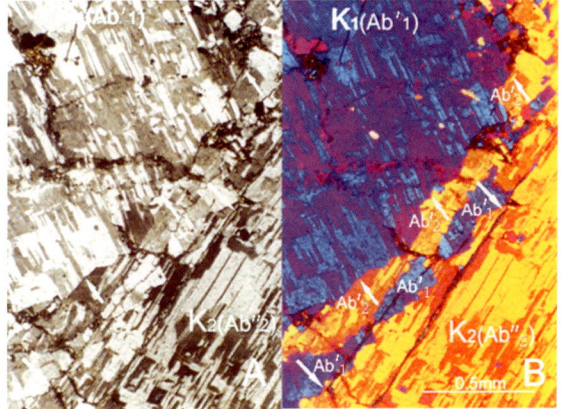

图 167　A (+)；B (+)Q。彻底同方位棋盘格状钠长石化的原来钾长石之间有两排异方位对错交代钠长石存在。说明异方位钠长石化早于同方位钠长石化。甘肃苳岭钠交代岩

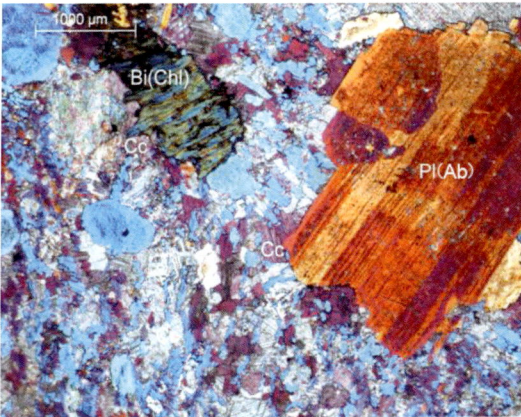

图 168　(+)Q。强烈的方解石化 Cc 交代钾长石，残留下众多零乱钠长石残留体。Cc 不交代整块状斜长石（钠长石）和绿泥石（原黑云母）。甘肃苳岭钠交代岩

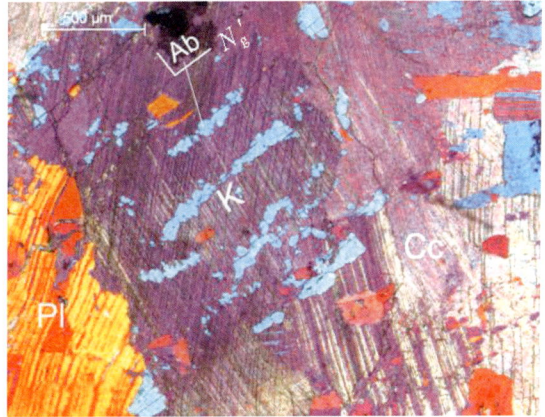

图 169　(+)Q。强烈方解石化 Cc 使钾长石只剩钠长石残留。因其延长方向为 N_g'，故可能为条纹钠长石残留体。甘肃苳岭钠交代岩

图 170　(+)Q。被方解石交代的钾长石残留的钠长石呈短柱状，且短柱延长方向不是 N_g' 而是 N_p'，可判断为同方位钠长石化形成的层片状钠长石的残留体。甘肃苳岭钠交代岩

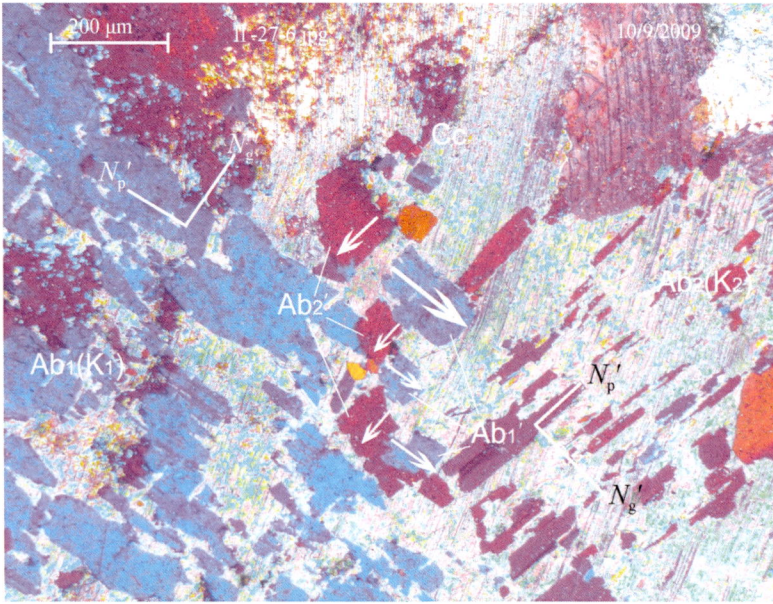

图 171 (+)Q。两堆钠长石残留体的延长方向与 N_g' 直交，应为同方位钠长石化所残留。交界处可辨出对错交代钠长石 Ab₂′ 和 Ab₁′。可见 Ab₂′ Ab₁′ 形成最早，后来钾长石被同方位钠长石化，再后来发生强烈的方解石化。甘肃茇岭钠交代岩

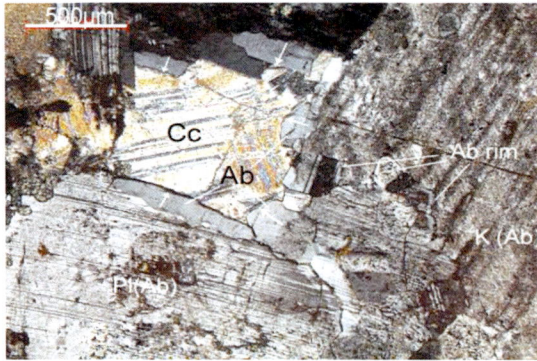

图 172 (+)。晚期交代方解石 Cc 的钠长石 Ab 的生长宽度可远大于早期交代钾长石的净边钠长石 Ab rim 的宽度。甘肃茇岭钠交代岩

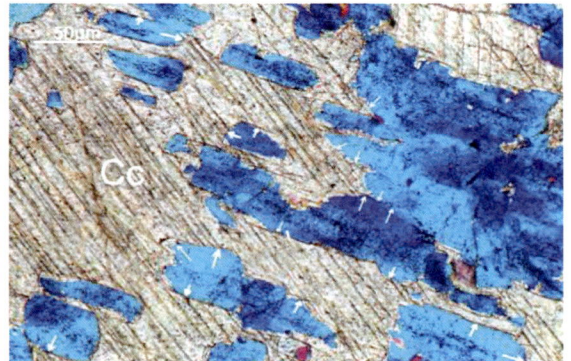

图 173 (+)Q。被方解石化交代钾长石残留的钠长石（脏杂）周围又发生局部钠长石（干净）生长（小箭头表示），交代方解石。甘肃茇岭钠交代岩

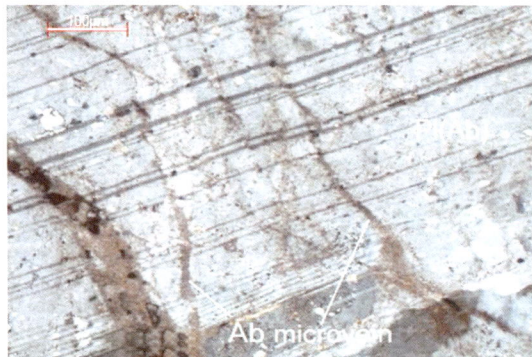

图 174 (+)。褐色（赤铁矿质点）钠长石微脉 Ab microvein 穿切在斜长石中。脉壁无钠长石生长。甘肃茇岭钠交代岩

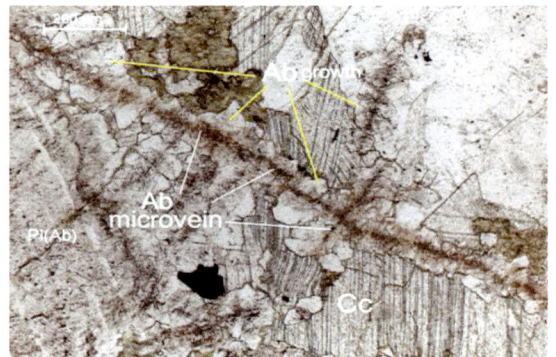

图 175 (-)。褐色钠长石微脉（宽 5~30 μm）出现在方解石 Cc 中。微脉两侧都有较纯净的钠长石生长 Ab growth（宽 <100 μm）。甘肃茇岭钠交代岩

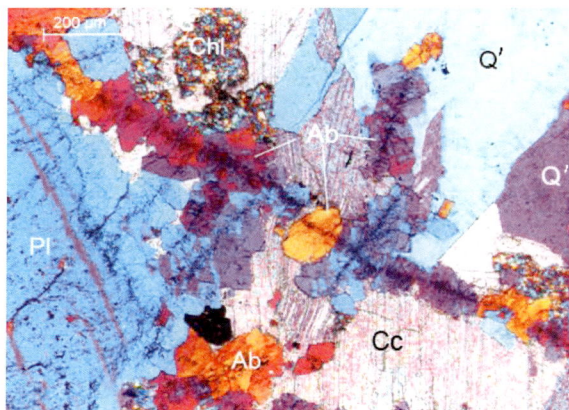

图 176 (+)Q。钠长石微脉和两侧的交代成因的纯净钠长石（连贯的）位于方解石 Cc 中，也有部分位于晚期石英 Q′ 中（图右上部）。甘肃茇岭钠交代岩

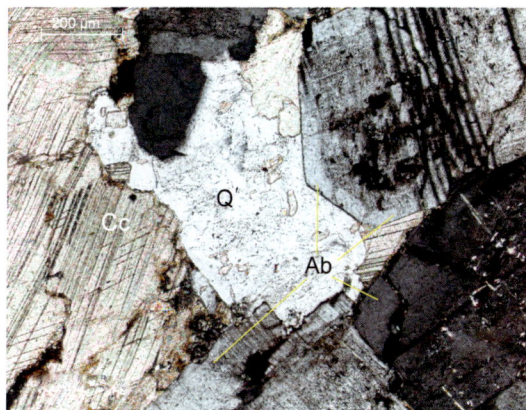

图 177 (+)。晚期石英 Q′ 交代方解石 Cc，未触动净边钠长石 Ab。甘肃茇岭钠交代岩

图 178 (+)。晚期石英 Q′ 显示扇形消光。甘肃茇岭钠交代岩

图 179 (+)。晚期石英 Q′ 显扇形消光，颗粒交界较平直。甘肃茇岭钠交代岩

图 180 (+)。晚期石英 Q′ 有时具自形生长线。这或许暗示 Q′ 或许是在空洞中形成的。甘肃茇岭钠交代岩

图 181 (+)。晚期石英 Q′ 交代方解石，不交代净边钠长石 Ab。甘肃茇岭钠交代岩

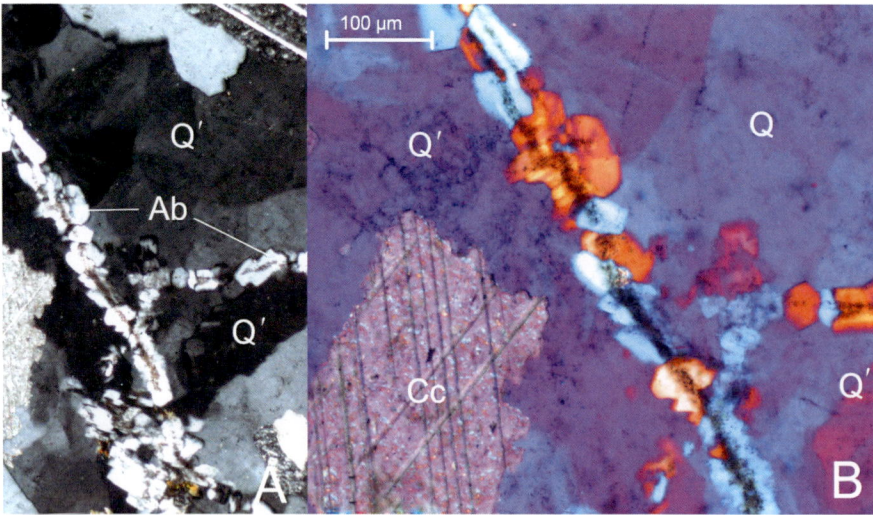

图 182 A(+);B(+)Q。晚期石英中见有钠长石微脉，其两壁也有纯钠长石生长。这是否能说明此脉为切过晚期石英，其两壁干净的钠长石为交代晚期石英而成的呢？甘肃芨岭钠交代岩

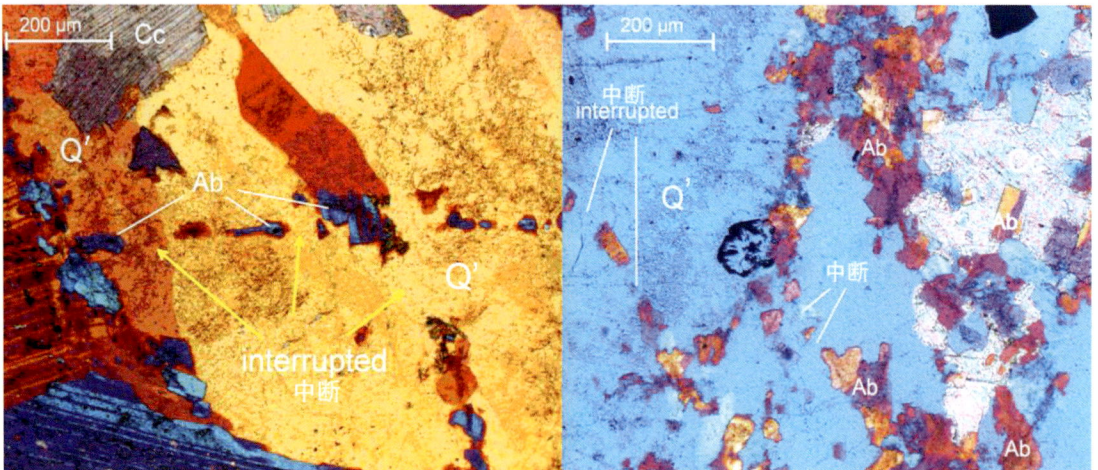

图 183 (+)Q。多处仔细观察后发现，晚期石英中的钠长石微脉常会局部出现突然中断，且其两壁钠长石颗粒有圆滑（溶蚀）现象，这表明钠长石微脉及两壁钠长石颗粒，曾遭受晚期石英的交代而显示溶蚀及突然中断，所以该微脉和两侧钠长石颗粒为在晚期石英交代之前就已经存在了的、是被晚期石英交代的残留物。甘肃芨岭钠交代岩

图 184 (+)。K(Ab)—原为钾长石（已同方位钠长石化）；Ab′—净边钠长石；Q′—晚期新生石英。联系上面的情况，可以判断此处原为原生 Q 与 K 交界。可能先后发生：
1. K 同方位 Ab 化变成 K(Ab)；
2. Cc 彻底交代掉 Q；
3. 净边 Ab′ 交代 Cc；
4. 大部分 Cc 被晚期石英 Q′ 彻底交代。鉴于净边 Ab′ 上下部分形态不同，下部可能为交代 Cc 而成，上部自形宽厚的 Ab′ 可能为 Q 溶离后的空洞中晶出形成。甘肃芨岭钠交代岩

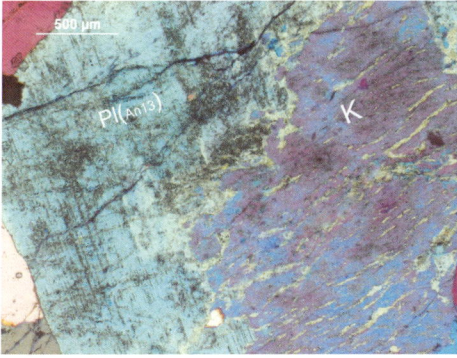

图185 (+)Q。奥长环斑之边缘一角。外环斜长石为酸性奥长石（An₁₃），钾长石中的条纹为钠长石（An<10）。后者干涉色略高于前者，但结晶方位一致。新疆鄯善阿奇山2号花岗岩

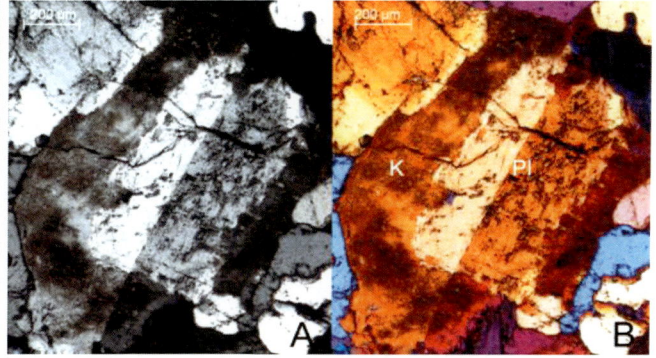

图186 A(+); B(+)Q。 钾长石K环包自形斜长石Pl，两者结晶方位一致。新疆哈密县尾亚角闪黑云花岗闪长岩

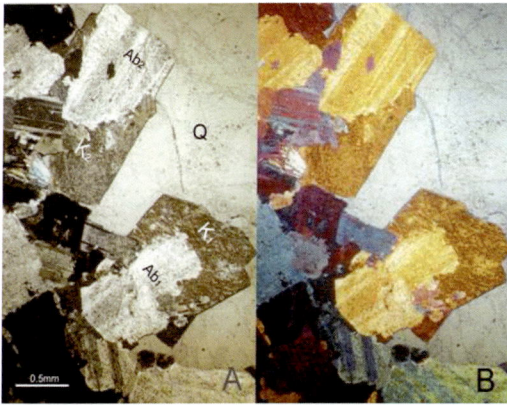

图187 A(+); B(+)Q。两颗自形钾钠长石连生晶（钾长石K₁，K₂半环钠长石Ab₁，Ab₂）。两者结晶方位一致。钠长石具有完好的钠长石双晶（而不是棋盘状双晶）。据作者意见，它们不是交代成因，而是原生的。（薄片号Se-59）江西西华山花岗岩

图188 (+)Q。 奥钠长石（Olig-Ab, An₁₀）部分外侧与同结晶方位的钾长石紧密连接，构成连晶。奥钠长石似乎呈条纹状渗入钾长石中，像是同方位交代钾长石。这与钠长环钾长石或钾长环奥钠长石类似，属于岩浆结晶（略有先后）连生成因。在此交界处，不出现净边钠长石。广东台山那琴花岗岩

图189 (+)Q。 钾长石（微斜长石）K贴靠斜长石Pl，与Pl方位一致。Pl中又见有K的小块体，很像Pl同方位交代K。据作者意见，这还是连晶，而非交代关系。甘肃芨岭花岗岩

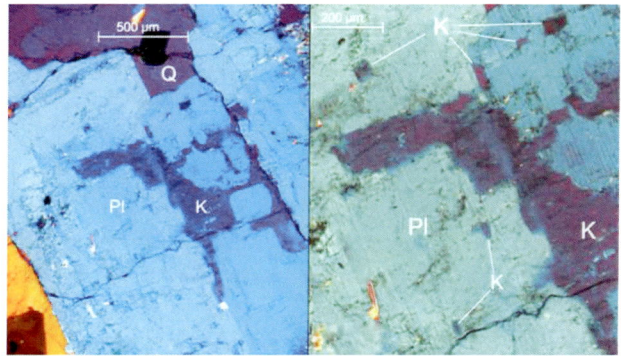

图190 (+)Q。 斜长石(An₂₀₋₅₀)中有钾长石不规则状分布，两者具同一个结晶方位，常被认为是交代成因。但据斜长石中有小块状钾长石分布，交代成因仍有疑问。新疆哈密县尾亚角闪黑云花岗闪长岩

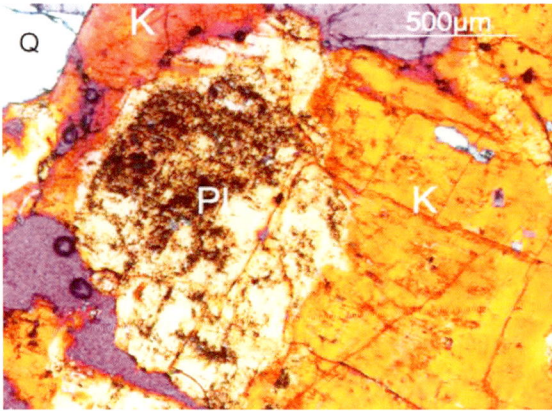

图191 (+)Q。与图190为同一薄片。钾长石K不很规则包裹同方位斜长石Pl。类似现象在该岩石中很普遍

图192 伟晶岩中的钾长石和石英共结成文象结构

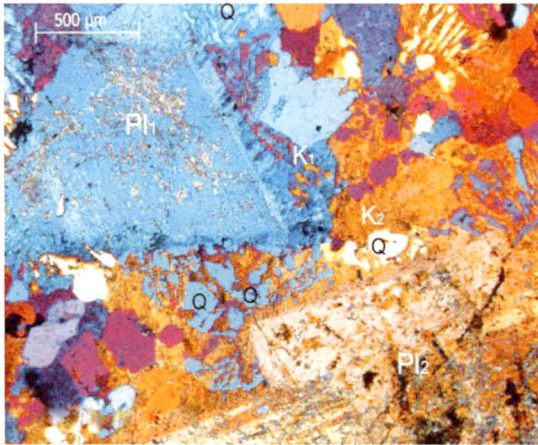

图193 (+)Q。花斑结构。自形斜长石Pl_1 Pl_2斑晶外有同方位的K_1 K_2环绕。K_1 K_2与石英共结形成花斑结构

图194 (+)Q。钾长石K结晶晚期与石英Q发生共结。自形钾长石晶体向外,与石英共结。越向外,石英颗粒越变粗大。这不是蠕英石结构

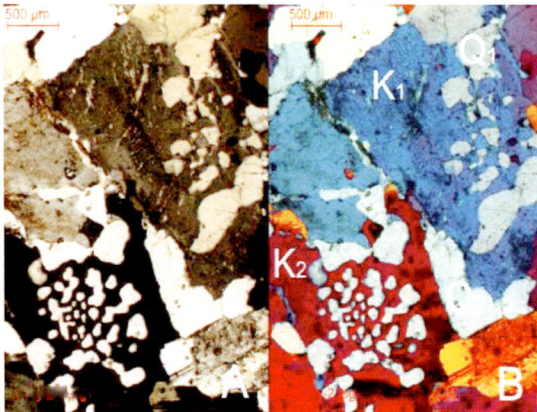

图195 A(+);B(+)Q。钾长石$K_1 K_2$与石英$Q_1 Q_2$共结。此结构不能被误判为蠕英石结构,也不是石英对钾长石的"穿孔交代"结构或者钾长石对石英的交代结构

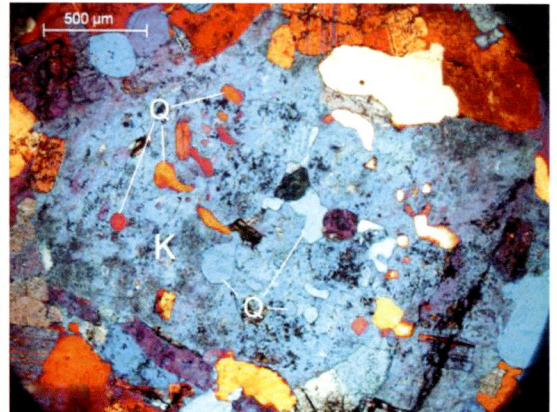

图196 (+)Q。钾长石K中包裹有三组以上圆粒状石英Q。钾长石在结晶生长过程中曾经与三组石英发生共结

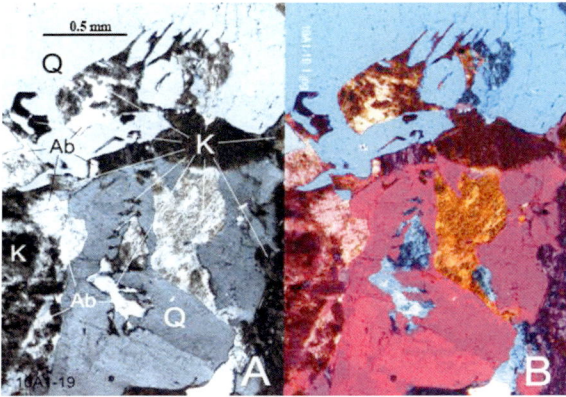

图 197　A (+)；B (+)Q。石英与条纹长石共结。石英多于条纹长石。鉴于钾长石和钠长石混生，无被石英分离迹象，可排除被石英交代，而为与石英共结

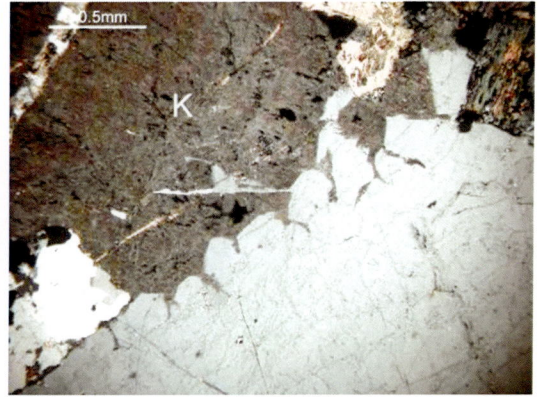

图 198　(+)Q。钾长石 K 与石英 Q 结晶末期接近共结。两者交界面十分崎岖曲折。钾长石甚至呈枝杈状插入石英晶粒之中，像是交代石英

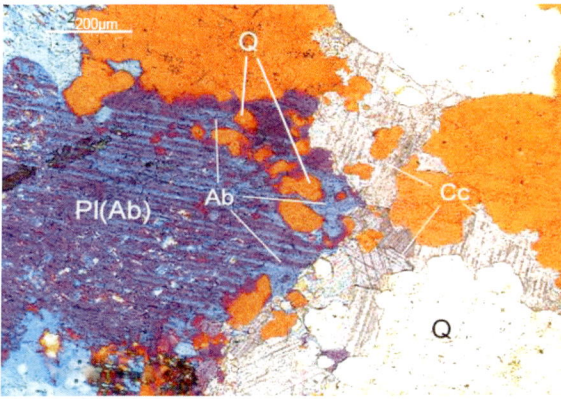

图 199　(+)Q。方解石确实交代了石英。斜长石晶体 (绢云母化) 外缘钠长石 (无绢云母化) 似乎也是交代了石英的。甘肃芨岭钠交代岩

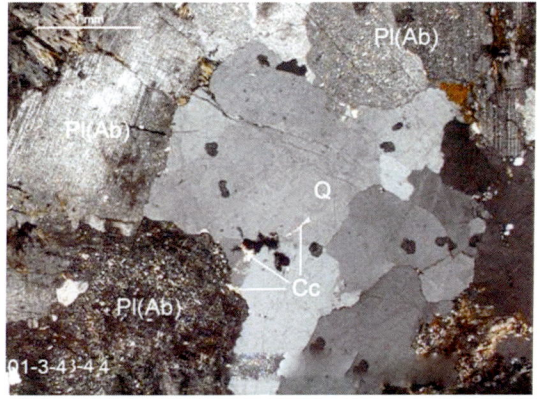

图 200　(+)。与图 199 为同一薄片。在众多斜长石与石英交界处 (若无方解石存在) 均无任何钠长石净边或钠长石交代石英现象。甘肃芨岭钠交代岩

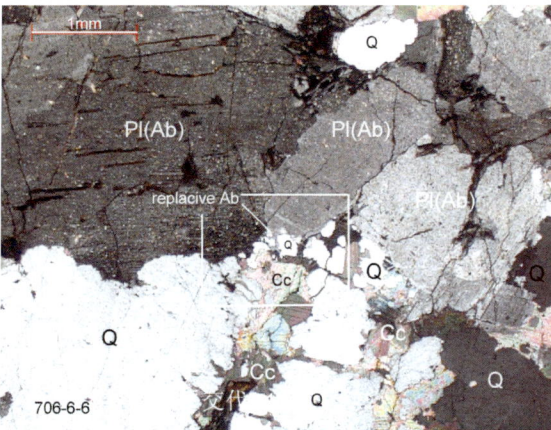

图 201　(+)。与图 199 为同一类岩石薄片。只有在斜长石与石英交界处，当有网脉状方解石存在时，便出现明显复杂化。甘肃芨岭钠交代岩

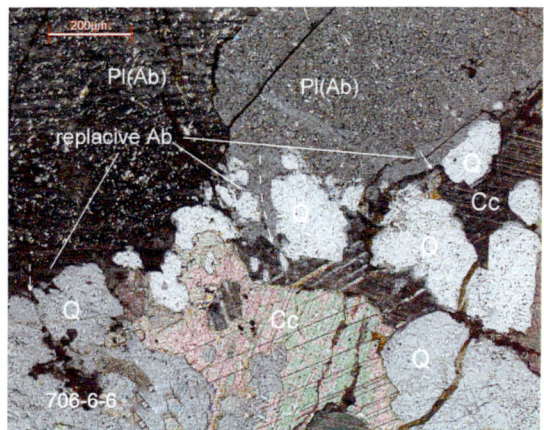

图 202　(+)。图 201 中方框放大。钠长石似乎交代了石英，实际上钠长石交代的是方解石

图 203 （+）。中粒斑状黑云母二长花岗岩。甘肃芨岭花岗岩

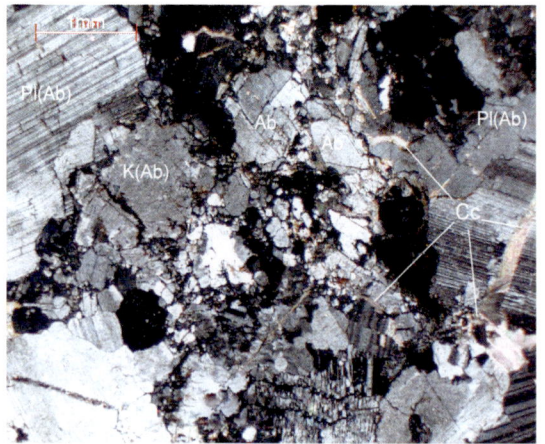

图 204 （+）。岩石中原生石英溶离后崩塌。甘肃芨岭花岗岩

图 205 （+）。岩石中原生石英溶离后崩塌碎裂，方解石充填其空洞。Pseud.Chl—假象绿泥石

图 206 （+）。虚线圈定的范围原来应该是原生石英，现被纯净钠长石 (Ab)（无绢云母化）占据。周围为略显绢云母化的斜长石。甘肃芨岭钠交代岩

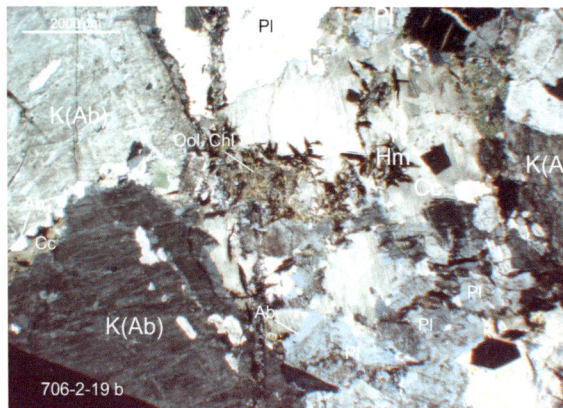

图 207 （+）。去石英后在空洞中生成梭状赤铁矿 Hm、鲕状绿泥石 Ool.Chl 和充填状方解石 Cc。后来有钠长石 Ab 对方解石交代生长。甘肃芨岭钠交代岩

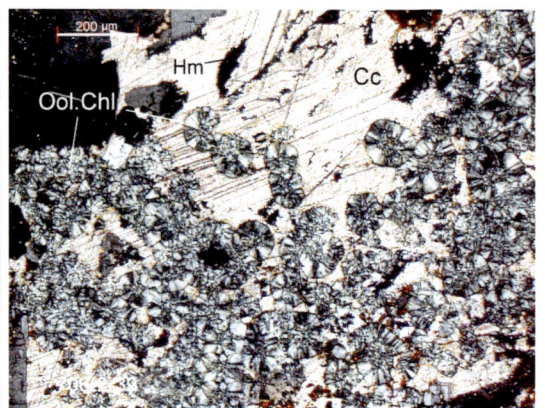

图 208 （+）。去石英后在空洞中生成鲕状绿泥石 Ool.Chl、赤铁矿 Hm 和充填状方解石 Cc。甘肃芨岭钠交代岩

图 209 （+）。去石英后在空洞中生成鲕状绿泥石（Ool. Chl）、锐钛矿（Ti）和充填状方解石 (Cc)。甘肃芨岭钠交代岩

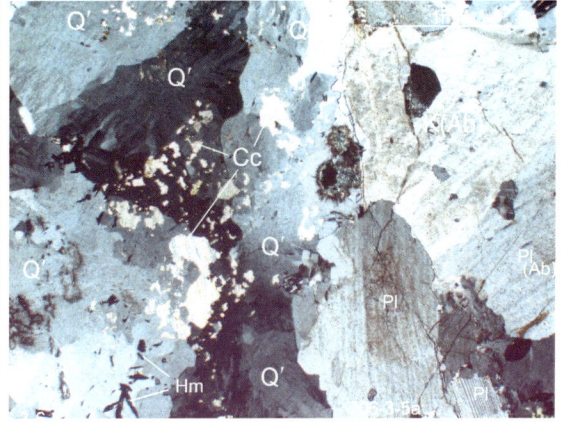

图 210 （+）。晚期新生石英 Q′ 交代方解石 Cc。甘肃芨岭 芨岭钠交代岩

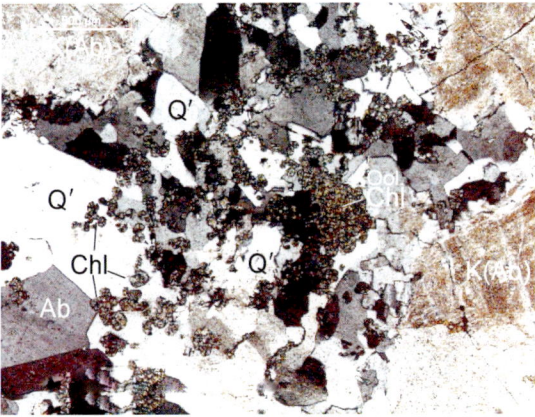

图 211 （+）。晚期石英 Q′ 彻底交代掉方解石，残留下鲕状绿泥石 Ool. Chl。甘肃芨岭钠交代岩

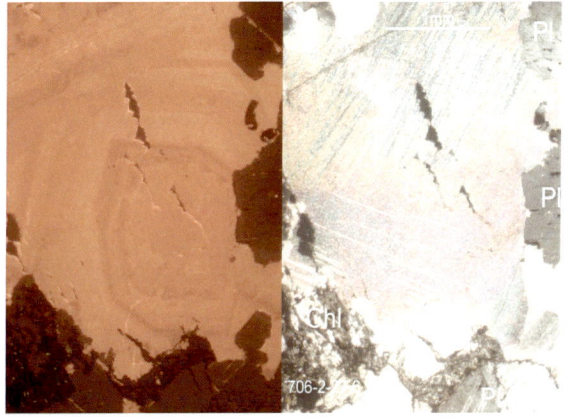

图 212 充填状方解石 Cc 在阴极发光图像上（左侧）显示自形生长线。甘肃芨岭钠交代岩

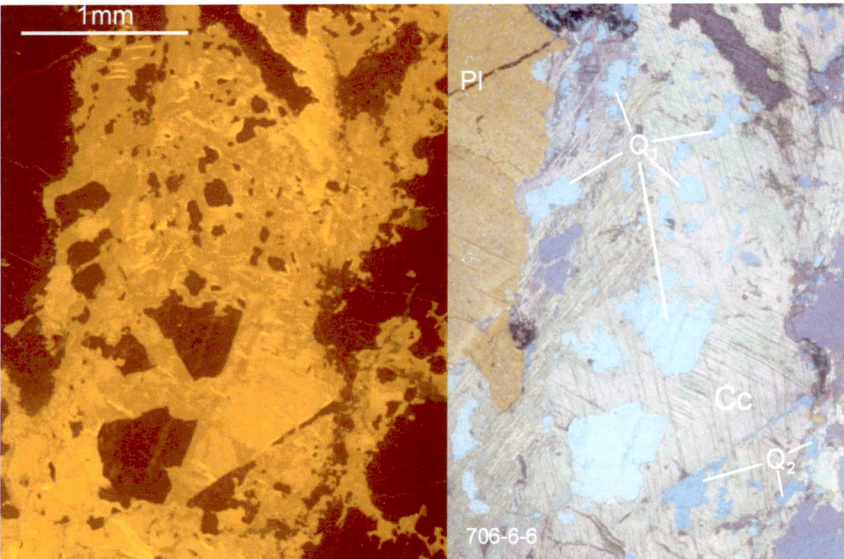

图 213 交代石英的方解石 Cc 在阴极发光图像上（左侧）不显自形生长线。甘肃芨岭钠交代岩